Sitzungsberichte
der Akademie der Wissenschaften
der DDR
Mathematik – Naturwissenschaften – Technik

Jahrgang 1981 · Nr. 10/N

Wolfgang Pompe

Zur Anwendung der akustischen Emissionsanalyse in der Festkörperphysik

Winfried Morgner

Die Einbeziehung der Schallemissionsanalyse in die Prüfung mechanisch und korrosiv beanspruchter Werkstoffe und Bauteile

AKADEMIE-VERLAG · BERLIN
1981

Vorträge gehalten in der gemeinsamen Sitzung der Klasse Werkstofforschung und der Arbeitsgruppe Technische Wissenschaften der Akademie der Wissenschaften der DDR am 22. Mai 1980 von Prof. Dr. sc. W. Pompe, Zentralinstitut für Festkörperphysik und Werkstofforschung der AdW der DDR, und Prof. Dr. sc. W. Morgner, Technische Hochschule Magdeburg

Herausgegeben im Auftrage
des Präsidenten der Akademie
der Wissenschaften der DDR
von Vizepräsident Prof. Dr. Heinrich Scheel

ISSN 0138-3956
Erschienen im Akademie-Verlag, 1080 Berlin, Leipziger Str. 3—4

Lizenznummer: 202 · 100/227/81
Gesamtherstellung: VEB Druckhaus Köthen
Bestellnummer: 762 981 8 (2010/81/10/N) LSV 1185
Printed in GDR
DDR 5,— M

W. Pompe

Zur Anwendung der akustischen Emissionsanalyse in der Festkörperphysik

1. Festkörperphysikalische Grundlagen

Die wachsenden Probleme bei der Bereitstellung geeigneter Konstruktionswerkstoffe sowie die zunehmenden Forderungen an die Zuverlässigkeit technischer Anlagen bedingen, daß die zweckmäßige Auswahl und der zielgerichtete Einsatz von Werkstoffen in der gegenwärtigen Entwicklungsetappe von besonderer Bedeutung sind. Ein entscheidendes Instrument hierfür stellt die Anwendung empfindlicher Verfahren zur Werkstoffprüfung sowie ihrer Einsatzüberwachung dar. Es ist deshalb verständlich, daß in jüngster Zeit der weiteren Entwicklung der zerstörungsfreien Werkstoffprüfung große Beachtung geschenkt wird. Dabei werden neben klassischen Verfahren auch zahlreiche neuere Untersuchungsmethoden hinzugezogen, deren Aussagekraft und Leistungsgrenzen heute noch nicht voll überschaut werden können. Um ein solches Verfahren handelt es sich auch bei der akustischen Emissionsanalyse – oft kurz als Schallemissionsanalyse bezeichnet.

Obwohl es eine alte menschliche Erfahrung ist, daß Verformungs- und Zerstörungsvorgänge in Festkörpern im allgemeinen von charakteristischen Geräuschen begleitet sind, deren Intensität von der Belastungsart und dem Werkstoff selbst stark abhängt, wurde erst 1917 von Czochralski auf einen kausalen Zusammenhang von Verformung und Schallemission hingewiesen. Das bei der Verformung von Zinn entstehende „Zinngeschrei" wurde mit der dabei einhergehenden Zwillingsbildung in Verbindung gebracht. In den zwanziger Jahren wurden diese Untersuchungen von anderen Wissenschaftlern fortgesetzt, zu erwähnen sind beispielsweise die Arbeiten von Joffe [1], ohne daß jedoch bereits der Gedanke an mögliche physikalische Meßverfahren daraus abgeleitet wurde. Erst von einem hinreichenden Entwicklungsniveau der elektronischen Meßtechnik für die zuverlässige Wandlung und Verstärkung der Schallsignale an konnte damit begonnen werden. So ist mit der Dissertation von Kaiser [2] im Jahr 1950 praktisch das eigentliche Geburtsjahr der akustischen Emissionsanalyse als physikalisches Meßverfahren zu verbinden. In den Folgejahren zeigte es sich, daß mit einem erhöhten Meßaufwand die unterschiedlichsten physikalischen Prozesse bei der Belastung eines Festkörpers nachweisbar sind. So sind bei den verschiedensten Werkstoffen Versetzungsbewegungen, Zwillingsbildung, Korngrenzengleiten, Phasenumwandlungen sowie die Mikrorißbildung und -ausbreitung als Quellen für die Emission von akustischen Wellen identifiziert worden.

Trotz der Fortschritte im Erkennen des Details einzelner Mikroprozesse ist bisher noch keine universelle Lösung zur akustischen Emissionsanalyse ausgearbeitet worden. Vielmehr wird immer deutlicher sichtbar, daß für verschiedene Beanspruchungen eines bestimmten Festkörpers eine weitgehende Differenzierung der anzuwendenden experimentellen Technik sowie der einzusetzenden Auswertealgorithmen notwendig wird. Darüber hinaus bestehen auch heute noch prinzipielle Grenzen bei der Auflösbarkeit verschiedener akustischer Signale. Das letztere wird verständlich, wenn wir einmal die Struktur des Meßprozesses genauer betrachten. Das folgende Flußschema soll den Vorgang von der Signalentstehung bis zum registrierten Zählimpuls charakterisieren.

Äußere Belastung

$F(\boldsymbol{r}, t), \quad T(\boldsymbol{r}, t)$

↓

lokales Spannungsfeld

$\sigma(\boldsymbol{r}, t)$

↓

Signalfeld der akustischen Emission

$S_{\mathrm{Q}}(\boldsymbol{w}, t)$

einwirkende Störungen

$S_{\mathrm{S}}(\boldsymbol{w}, t)$ ⟶ ↓

akustisches Signal am Meßwandler

$S_{\mathrm{QW}}(t)$

akustisches Signal am Meßwandler

$S_{\mathrm{W}}(t)$

registriertes Signal.

Betrachten wir das Signalfeld der akustischen Emission näher, so zeigt sich, daß es sich um eine Überlagerung von Wellenpaketen handelt, die in mehr oder weniger deterministischer zeitlicher Folge von bestimmten Raumpunkten emittiert werden. Der wesentliche Anteil des Frequenzspektrums der Einzelereignisse ist dabei in einem Frequenzbereich $\omega < \tau^{-1}$ konzentriert, wobei τ als charakteristische Zeitkonstante der physikalischen Elementarereignisse im Bereich von etwa 10^{-12} s bis 10^{-10} s variiert. In diesem Frequenzspektrum werden Wellen mit hohen Frequenzen in den mikroskopisch heterogenen Festkörpern für $\omega > c/l_{\mathrm{heterog}} \approx 10^9\ \mathrm{s}^{-1}$ eine starke Dämpfung erfahren, wobei c die Schallgeschwindigkeit und l_{heterog} eine charakteristische Abmessung der

Heterogenitäten ($l_{heterog} \approx 1\ \mu m$ im Beispiel) darstellen. Berücksichtigt man nun noch, daß Störgeräusche von außen sowie Schwingungen der Belastungseinrichtung u.ä. unterdrückt werden müssen, so folgt, daß das nutzbare Frequenzgebiet für die akustische Emissionsanalyse zwischen $10^5\ s^{-1} < \omega < 10^8\ s^{-1}$ liegt.

Die geringe akustische Aktivität des Einzelprozesses bedingt, daß die elektrischen Ausgangssignale am Meßwandler oftmals nur in der Größenordnung von 10^{-7} V liegen. Damit ist bereits die Rauschspannung der weiteren Übertragungseinrichtung als kritisch anzusehen. Denkt man an den bekannten Zusammenhang der Nyquist-Rauschspannung

$$U_{R\ eff} = \left(\frac{\Delta\omega}{\pi} \cdot R\, k\, T\right)^{1/2}$$

mit der Bandbreite $\Delta\omega$, wird verständlich, daß nur ein relativ schmales Intervall im Frequenzspektrum für Meßinformationen nutzbar ist. Praktisch konzentriert man sich dabei gegenwärtig auf den Bereich zwischen 200 kHz und 250 kHz.

Ein Prinzipschaltbild für eine sehr einfache Meßstrecke zum Registrieren der akustischen Emissionen ist in Abb. 1 zu sehen. Anspruchsvolle Meßplätze weisen im Gegensatz zu dem skizzierten Beispiel ein erheblich ausgebautes

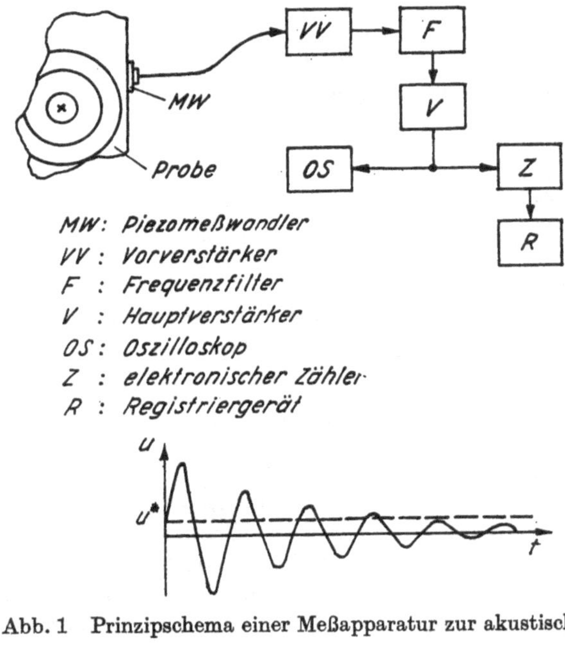

Abb. 1 Prinzipschema einer Meßapparatur zur akustischen Emissionsanalyse

System für die Signalanalyse (speziell Amplituden- und Frequenzanalyse) und Signalaufzeichnung auf, bis hin zur gleichzeitigen Schallaufzeichnung an verschiedenen Punkten des Festkörpers (Defektlokalisierung). Besonderheiten für die Experimentiertechnik ergeben sich bei dem Einsatz der akustischen Emissionsanalyse von Festkörpern unter Temperaturbelastung. Bei Temperaturen, die das Arbeitsgebiet des Meßwandlers überschreiten, besteht die Notwendigkeit, die Schallwellen zunächst in Gebiete niedriger Temperatur zu leiten. Eine Möglichkeit besteht darin, das mit eigens hierfür angebrachten Schalleitern eines zweiten Materials zu tun. Dabei auftretende Probleme der verlustarmen und störungsfreien Kopplung können umgangen werden, wenn es die Probengeometrie erlaubt, die ursprüngliche Probe selbst als Schalleiter zu benutzen. In Abb. 2 ist ein Beispiel hierfür skizziert, das sich speziell für die Untersuchung der temperaturabhängigen Schallemission von Keramiken eignet.

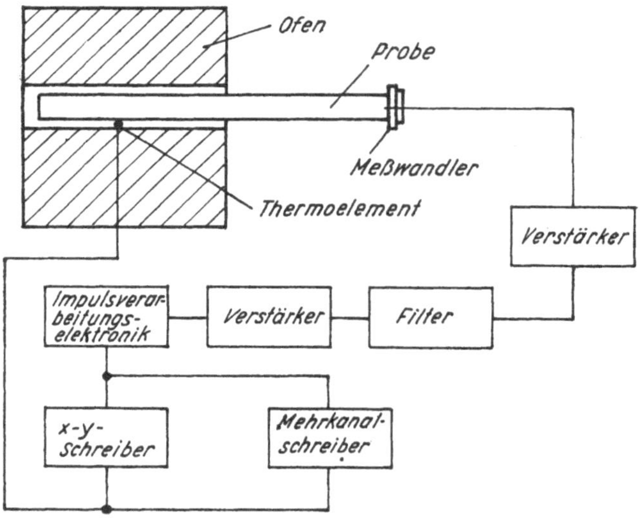

Abb. 2 Meßanordnung zur Schallemissionsanalyse bei thermischer Belastung

2. Nachweis der Mikrorißausbreitung in spröden Festkörpern

Mit besonderem Erfolg konnte bisher die akustische Emissionsanalyse zum Nachweis der Mikrorißausbreitung in Gläsern, Keramiken, Graphit und ähnlichen spröden Festkörpern angewendet werden. Das Grundkonzept hierzu wurde mit den Untersuchungen von Evans (1975) [3] geschaffen. Dabei wird davon ausgegangen, daß diskrete Schallimpulse (Burst) dann emittiert werden, wenn der Spannungsintensitätsfaktor K eines einzelnen Mikrorisses einen kritischen Wert, d.h. einen lokalen K_c-Wert erreicht. Der K-Wert kann sich sowohl durch eine Variation der äußeren Last als auch durch eine Rißlängenzunahme infolge stabilen Rißwachstums ändern. Nach EVANS kann man eine Proportionalität zwischen der Schallemissionsrate $\mathrm{d}N/\mathrm{d}t$ und der Ausfallswahrscheinlichkeit pro Zeiteinheit $\mathrm{d}P/\mathrm{d}t$ für einzelne Strukturelemente annehmen:

$$\mathrm{d}N/\mathrm{d}t = \alpha \cdot \mathrm{d}P/\mathrm{d}t. \tag{1}$$

Über die zeitliche Änderung der Ausfallwahrscheinlichkeit lassen sich allgemeine Aussagen treffen. Betrachten wir zunächst nicht zu große Mikrorißdichten, so kann für die Kurzzeitbruchfestigkeit $\sigma(0)$ ein potenzartiger Ansatz gemacht werden.

$$\hat{P}(\sigma(0)) = (\sigma(0)/\sigma_0)^\beta. \tag{2}$$

Die zeitliche Änderung von P folgt aus (2), sobald ein Zusammenhang zwischen der Kurzzeitfestigkeit $\sigma(0)$ und der Langzeitfestigkeit $\sigma(t)$ gegeben ist. Mit $\sigma(0) = \varphi(\sigma(t))$ folgt unmittelbar

$$P(t) = P(\varphi(\sigma(t))). \tag{3}$$

Aussagen zu Langzeitfestigkeit $\sigma(t)$ kann man treffen, indem unter Verwendung einer Gleichung für die Vergrößerung der Mikrorißlänge $l(t)$

$$\mathrm{d}l/\mathrm{d}t = a \cdot K^{\mathrm{n}} \quad \text{mit} \quad K = Y \cdot \sigma(t) \cdot l^{1/2} \tag{4}$$

die kritische Rißlänge in Abhängigkeit von der Zeit berechnet wird. Als lokales Bruchkriterium kann hierfür die Beziehung

$$Y \cdot \sigma(0) \cdot l(0)^{1/2} = K_c = Y \cdot \sigma(t) \cdot l(t)^{1/2} \tag{5}$$

herangezogen werden. Damit erhält man für den Zusammenhang zwischen der Kurzzeitfestigkeit $\sigma(0)$ und der Langzeitfestigkeit $\sigma(t)$

$$\sigma(0) = (\sigma(t)^{n-2} + b^{n-2}\,(n-2) \int_0^t \sigma^{n}(t')\,\mathrm{d}t')^{\frac{1}{n-2}} \tag{6}$$

$$\text{mit} \quad b = K_c \left(\frac{Y^2 \cdot a}{2}\right)^{\frac{1}{n-2}}.$$

Für große Zeiten kann der erste Term auf der rechten Seite in (6) vernachlässigt werden.

Im Zusammenhang mit der akustischen Emissionsanalyse interessieren zwei charakteristische Belastungsfälle, die konstante Laststeigerung (a) $\sigma = \dot{s}_0 \cdot t$ sowie der Dauerstandversuch (b) $\sigma = \text{const}$. Unter diesen Belastungsbedingungen ergeben sich für die Schallemissionsrate charakteristische Abhängigkeiten von der Last bzw. Laststeigerungsrate $\dot{s}_0$ sowie der Zeit. Im Rahmen des skizzierten Modells erhält man aus den Gleichungen (1), (2) und (6) nach einem zeitlich begrenzten Einlaufverhalten (erster Term von Gleichung (6)) für die Schallemissionsrate im Fall

(a) $\sigma = \dot{s}_0 \cdot t$

$$\frac{\mathrm{d}N}{\mathrm{d}t} \sim \sigma^{\frac{\beta(n+1)}{n-2}-1} \cdot \dot{s}_0^{\;1-\frac{\beta}{n-2}}, \tag{7}$$

(b) $\sigma = \text{const}$

$$\frac{\mathrm{d}N}{\mathrm{d}t} \sim \sigma^{\frac{\beta n}{n-2}} \cdot t^{\frac{\beta}{n-2}-1}. \tag{8}$$

Damit wird offensichtlich, daß die akustische Emissionsanalyse der Mikrorißausbreitung in spröden Festkörpern die Möglichkeit bietet, Information über die Dispersion der lokalen Festigkeitsverteilung (β) sowie die Kinetik des Mikrorißwachstums (n) zu gewinnen. Geht man beispielsweise von Dauerstandversuchen aus ($\sigma = \text{const}$), so können die genannten Parameter aus einem doppeltlogarithmischen Auftrag der Schallemissionsrate über der Zeit bestimmt werden. In Abb. 3 (Kurve a) ist ein Beispiel für die Mikrorißausbreitung in Glaskeramiken gegeben.

Detaillierte Untersuchungen zeigen, daß es oftmals Abweichungen von dem idealen Verhalten gibt. So beobachtet man bei höheren Lasten nach dem Abfall der Schallemission ein daran anschließendes Anschwellen (Kurve b aus

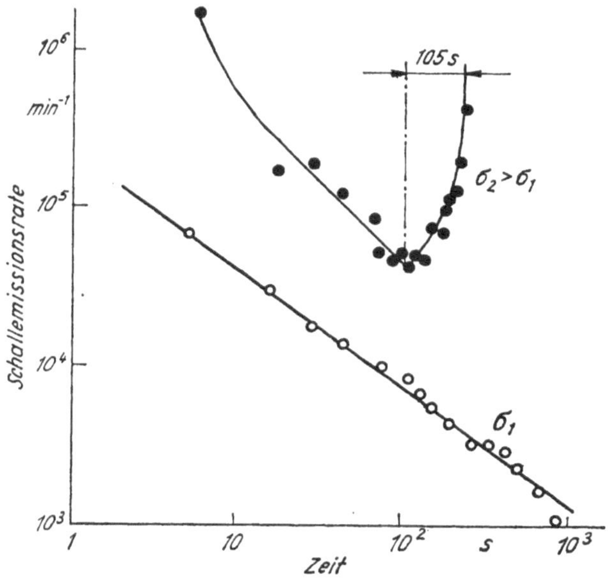

Abb. 3 Schallemissionsrate unter Dauerstandbedingungen von Glaskeramik

Abb. 3). Diese Erscheinung kann mit einer Beschleunigung der Mikrorißausbreitung infolge von einsetzenden Wechselwirkungsprozessen in Verbindung gebracht werden. Sowohl ein lawinenartiges Anschwellen der mittleren Mikrorißdichte (nach FISCHER u. POMPE [4]) als auch die beginnende instabile Makrorißausbreitung nach EVANS u.a. (1974) [5] können dafür die Ursache bilden. Die entgegengesetzte Tendenz, d.h. ein stärkeres Abklingen der Schallemissionsrate mit der Zeit, als es die Potenzfunktion in (8) beschreibt, wird dann beobachtet, wenn die stabile Mikrorißausbreitung im Festkörper durch Rißbarrieren bzw. lokalisierte Spannungsfelder zusätzlich behindert wird. In Abb. 4 ist als ein solches Beispiel die Schallemissionsrate von Quarzporzellan im Biegeversuch nach Messungen von SIX [6] dargestellt worden.

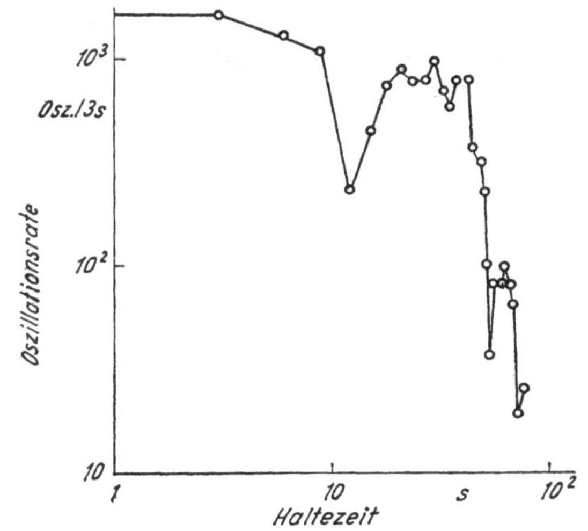

Abb. 4 Schallemissionsrate unter Dauerstandbedingungen von Quarzporzellan

3. *Nachweis thermisch induzierter Mikrorißbildung*

Die akustische Emissionsanalyse hat sich an einer Reihe von Beispielen mit Erfolg zur Aufklärung von Rißbildungsvorgängen beim Aufheizen bzw. Abkühlen spröder Festkörper anwenden lassen. Zur Erläuterung der Aussagekraft des Verfahrens sollen Ergebnisse vorgestellt werden, die von SIX und KIRCHHOFF [6] an Quarzporzellan gewonnen wurden. Quarzporzellan bietet sich als Untersuchungsobjekt vor allem deshalb an, da die α-β-Umwandlung der Quarzkristalle bei 573 °C sowie die Cristobalitumwandlung bei etwa 220 °C zu starken Änderungen der inneren Spannungen führen. Geht man davon aus, daß die Quarzkristalle als näherungsweise kugelförmige Einlagerungen in eine

Glasphase eingebettet sind, während sich die Cristobalitphase als dünne Schicht zwischen dem Quarzkristall und der Glasmatrix ausbildet, erhält man für die Spannungen im Quarzporzellan die in Abb. 5 dargestellte Temperaturabhängigkeit. Hierbei sind die Maximalwerte der Spannungskomponenten an den Phasengrenzen dargestellt worden. Vorausgesetzt wird, daß das Quarzporzellan bei 1000 °C spannungsfrei ist. Wie man sieht, kommt es unterhalb der α-β-Umwandlung (T_{Qu}) von Quarzporzellan zu hohen radialen Zugspannungen, die zu einem Ausschälen der Quarzteilchen aus der Glasmatrix führen können. In der Cristobalitschicht wachsen die tangentialen Zugspannungen unterhalb der Cristobalitumwandlung (T_{Cr}) abrupt an. Dadurch ist ein Segmentieren der Cristobalitschicht zu erwarten.

Die nach dem Meßprinzip von Abb. 2 aufgenommenen Schallemissionsspektren bestätigen die theoretischen Vorstellungen. Beim Abkühlen von 1000 °C aus tritt unterhalb von T_{Qu} ein starker Emissionspeak auf, während ein anschließendes Aufheizen keine Emission auslöst (Abb. 6). Die Wirkungen ein-

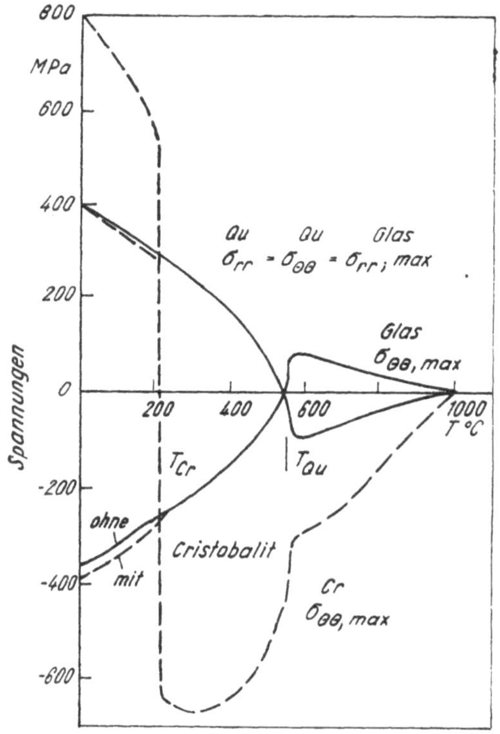

Abb. 5 Theoretische Abschätzung der Wärmespannungen in Quarzporzellan beim Abkühlen aus dem spannungsfreien Zustand bei 1000 °C

zelner Umwandlungen bzw. Phasen können durch stufenweise Änderung der Ausgangstemperatur des Abkühlregimes separiert werden (Abb. 7). Bemerkenswert ist weiterhin eine Teilchengrößenabhängigkeit der Schallemissionsaktivität. Für Quarzporzellan vergleichbarer Zusammensetzung (Sorten *B*, *C*, *D* aus Abb. 8) verschiebt sich das Maximum der Schallemissionsaktivität mit abnehmender Quarzkorngröße zu tieferen Temperaturen bzw. höheren lokalen Spannungen. Somit spiegelt sich im Schallemissionsspektrum die von LANGE [7] auf anderem Weg gefundene Beziehung für die Teilchengrößenabhängigkeit lokaler Bruchspannungen σ_{krit} in Keramiken

$$\sigma_{\text{krit}}^2 \cdot R = \text{const} \tag{9}$$

wider.

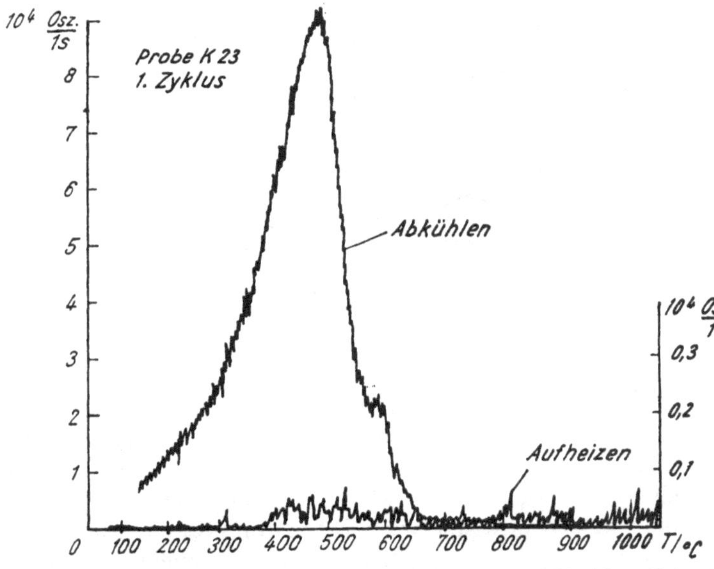

Abb. 6 Schallemissionsrate von Quarzporzellan beim Abkühlen (linke Ordinate) und anschließenden Aufheizen (rechte Ordinate)

Ebenso wie es für die mechanisch induzierte Rißbildung im letzten Abschnitt dargestellt worden ist, sind auch bei der thermisch induzierten Rißbildung charakteristische Unterschiede im Schallemissionsverhalten in Abhängigkeit von der zeitlichen Änderung der Temperatur nachweisbar. Die quantitative Analyse ist nur dadurch erschwert, daß für sie zunächst eine hinreichend gute Kenntnis des Zusammenhanges der Temperaturänderungen mit den inneren Spannungen notwendig ist.

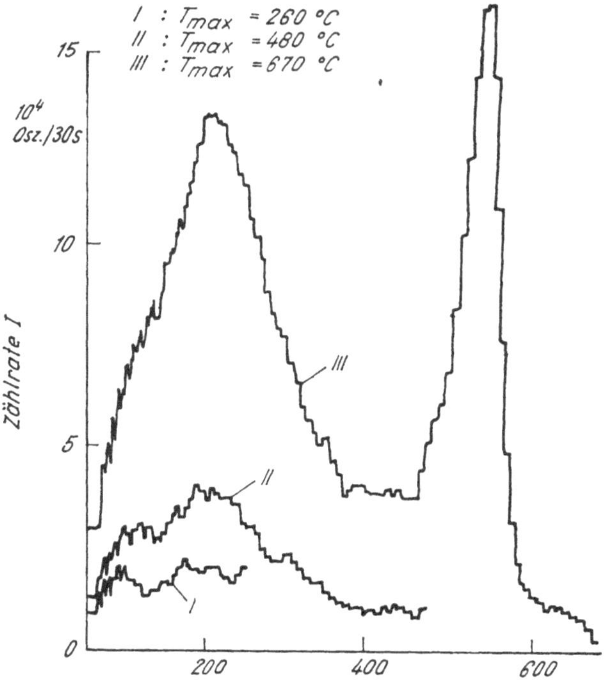

Abb. 7 Schallemissionsrate von Quarzporzellan beim Abkühlen von verschiedenen Ausgangstemperaturen

4. Untersuchung des Bruchverhaltens von Grenzschichten

In jüngster Zeit ist die Schallemissionsanalyse mit großem Erfolg zur Untersuchung der Rißbildung in spröden Grenzschichten herangezogen worden. Die Schallemissionsanalyse bietet dabei eine Empfindlichkeit und Genauigkeit, die beispielsweise die Nachweisgüte übertrifft, die man mit der direkten Beobachtung der Grenzschichtrißbildung unter dem Rasterelektronenmikroskop erreichen kann.

Im Unterschied zu den bisher erläuterten Anwendungsfällen ergeben sich zwei Besonderheiten bei der Untersuchung von Grenzschichten, die der Anwendung der Schallemissionsanalyse entgegenkommen:

(a) Mikrorisse in spröden Grenzschichten werden im allgemeinen nach einem definierten Rißfortschritt an den Nachbarphasen stabilisiert. Dadurch kann die Rißdichte sehr hohe Werte annehmen.

(b) Bei hohen Rißdichten tritt eine Entlastung benachbarter Grenzschichtbereiche ein, in denen somit nur verzögert, d.h. bei wesentlich höheren Lastspannungen, weitere Mikrorisse gebildet werden. Die Entlastungsbereiche sind

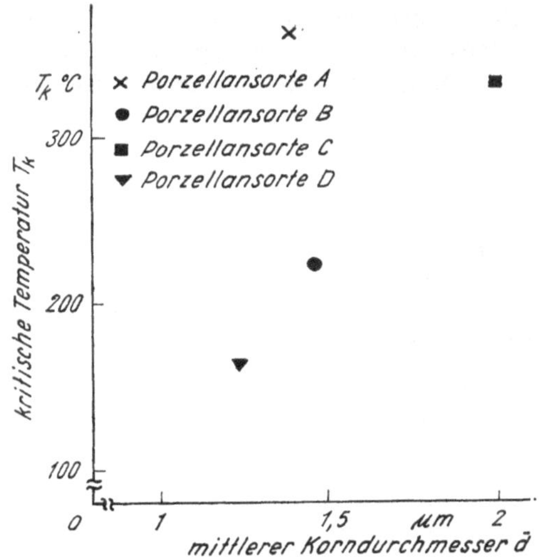

Abb. 8 Teilchengrößenabhängigkeit der Temperatur T_k der maximalen Schallemissionsrate von Quarzporzellan beim Abkühlen von 1000 °C

von der Größenordnung

$$\lambda = \frac{\sigma_g g^B \cdot d}{\tau},$$

wobei σ_g^B die Grenzschichtbruchfestigkeit, d die Grenzschichtdicke sowie τ eine für die Lasteinteilung in die Grenzschicht charakteristische Scherspannung bedeuten.

Für das meßbare Schallemissionsspektrum können aus diesen beiden Bedingungen unmittelbare Schlußfolgerungen gezogen werden. Aus (a) folgt, daß im Gebiet hoher Mikrorißdichten nicht mehr mit dem Potenzansatz (2) für die Ausfallswahrscheinlichkeit $\hat{P}$ gearbeitet werden kann. Vielmehr tragen auch Ausfallswahrscheinlichkeiten mit $P > \frac{1}{2}$ zum Schallspektrum bei. Zweckmäßigerweise ist (2) durch eine Weibull-Funktion vom Typ

$$\hat{P} = 1 - \exp - (\sigma(0)/\sigma_0)^\beta \tag{10}$$

zu ersetzen. Das Maximum der Schallemission unter der Voraussetzung zeitlinearer Laststeigerung entspricht somit bei homogener Belastung der Grenzschicht der mittleren Grenzschichtbruchfestigkeit (Maximum von P). In Abb. 9 sind als Beispiel Schallraten von V_3Ga-Grenzschichten in CuGa-V-Supraleitern dargestellt. Diese Multifilamentdrähte, bestehend aus einer CuGa-Matrix und V-Drähten, sind einer homogenen Zugverformung ausgesetzt worden. In Abhängigkeit von den Glühbedingungen bei der Verbundherstellung bilden sich supraleitende Grenzschichtphasen unterschiedlicher Perfektion aus. Die akustische Emissionsanalyse bietet eine ideale Möglichkeit zur Bewertung des jeweiligen Grenzschichtzustandes.

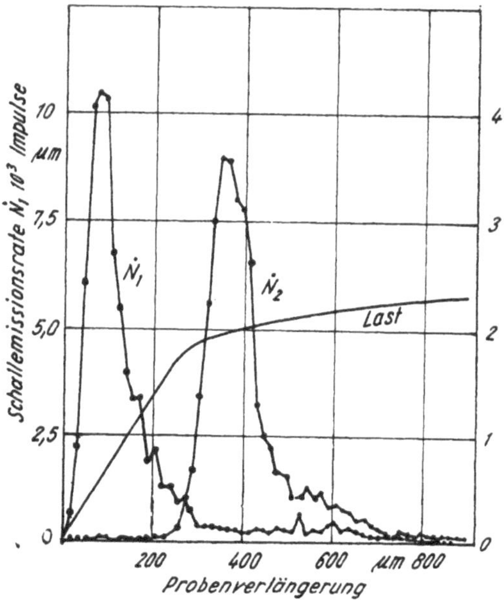

Abb. 9 Schallemissionsrate von zwei CuGa-V-Supraleiterdrähten mit V_3Ga-Grenzschichten in Abhängigkeit von der Probenverlängerung ($\dot{N}_1$ und $\dot{N}_2$ entsprechen Proben unterschiedlicher Abschlußwärmebehandlung: $\dot{N}_1 - T = 650\,°C$, $t = 1$ h; $\dot{N}_2 - T = 650\,°C$, $t = 50$ h)

Mit der Schallemissionsanalyse lassen sich auch Besonderheiten des mechanischen Verhaltens von Oberflächen gut studieren.

In Abb. 10 sind als Beispiel Untersuchungsergebnisse von Gille u. Kirchhoff [8] an WC-Co-Hartmetallproben dargestellt, die mit TiC in unterschiedlicher Dicke beschichtet wurden. Es erfolgte eine 3-Punkt-Biegebelastung, wobei sich die TiC-Schicht jeweils auf der unter Zug stehenden Probenseite befand. Die Einsatzspannung für die Schallemission sowie der Anfangsanstieg der Kurve geben die Möglichkeit, die mittlere Grenzschichtfestigkeit sowie deren Schwankung zu bestimmen, falls man für die Ausfallswahrscheinlichkeit im Gebiet maximaler Zugspannung die Weibull-Statistik annehmen kann.

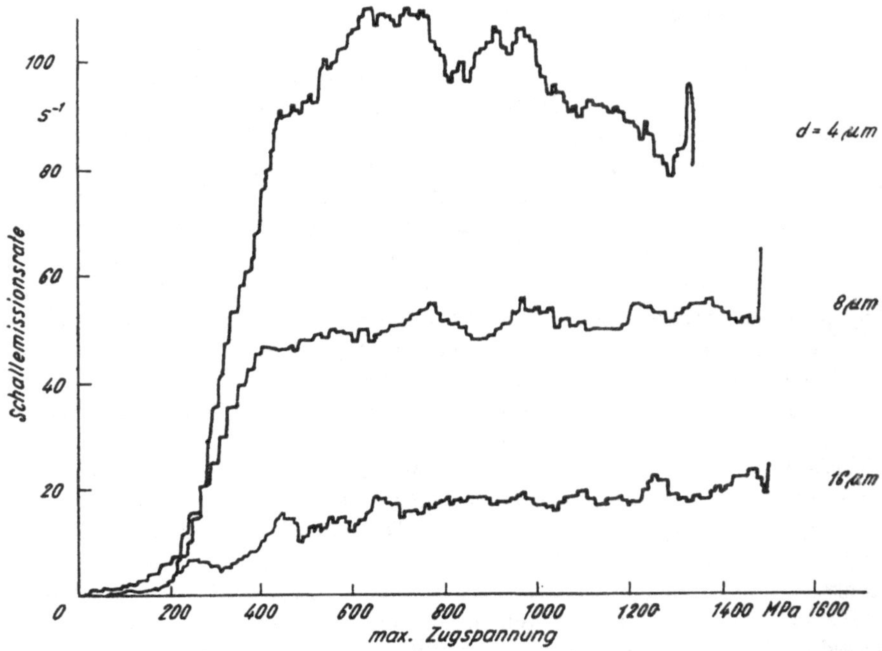

Abb. 10 Schallemissionsrate von TiC-beschichtetem WC-Co-Hartmetall bei 3-Punkt-Biegebelastung und zeitlinearer Laststeigerung (Kurvenparameter d = TiC-Schichtdicke)

Charakteristisch für die geschilderte Belastungsart ist das Anschließen eines Plateaus in der Schallemissionsrate. Als Ursache dafür sind die unter (b) genannten Entlastungsvorgänge um bereits gebildete Mikrorisse anzusehen. Damit sinkt die Schallemission belasteter Gebiete oberhalb einer kritischen Mikrorißdichte stark ab. Die Emissionsrate wächst proportional mit der Ausdehnung der Zugspannungszone $\mathrm{d}L$ und umgekehrt proportional mit der Entlastungszone λ um den einzelnen Mikroriß:

$$\mathrm{d}N/\mathrm{d}t \sim \frac{\mathrm{d}L/\mathrm{d}t}{\lambda} = \frac{\tau}{d\sigma_{\mathrm{g}}^{\mathrm{B}}} \cdot \mathrm{d}L/\mathrm{d}t. \tag{11}$$

Für eine zeitlineare Laststeigerung $\mathrm{d}L/\mathrm{d}t = \mathrm{const}$ ergibt sich dementsprechend ein plateauartiger Verlauf, wobei die Emissionsrate umgekehrt proportional zur Grenzschichtdicke anwächst. Untersuchungen an anderen beschichteten Werkstoffen haben gezeigt, daß die in Abb. 10 dargestellten Kurvenverläufe für den beschriebenen Belastungsfall typisch sind.

5. *Zusammenfassung und Ausblick*

Es kann festgestellt werden, daß die intensive Beschäftigung mit den festkörperphysikalischen Grundlagen und der Anwendung der akustischen Emissionsanalyse die Bedeutung, aber auch gegenwärtige Grenzen des Verfahrens in den letzten Jahren in zunehmender Deutlichkeit erkennen läßt. So, wie es eigentlich für jeden physikalischen Effekt zutrifft, erfordert das Nutzen der Schallemission zur Strukturaufklärung ein wohlabgewogenes Verhältnis von experimentellem Aufwand und theoretischer Durchdringung. Erst in dieser Einheit sind Aussagen von physikalischer Relevanz möglich. Auch zukünftig ist nicht zu erwarten, daß es die Standardmethode „akustische Emissionsanalyse" geben wird. Vielmehr werden weitere Fortschritte nur über eine problemorientierte Vertiefung erreicht werden.

Ausgehend von dem gegenwärtigen Stand der experimentellen Technik – aber auch aus prinzipiellen festkörperphysikalischen Gründen – scheint die akustische Emissionsanalyse für die Untersuchung spröder Festkörper besonders geeignet zu sein. Das burstartige Signalspektrum gestattet eine gute Identifizierung von einzelnen Mikroprozessen. Dabei wird sich das Anwendungsgebiet weiter ausdehnen. Bereits jetzt geht man dazu über, auch biologische Vorgänge in die Untersuchungen mit einzubeziehen. So konnte von uns beispielsweise in Zusammenarbeit mit einem Kollektiv der Medizinischen Akademie Dresden gezeigt werden, daß die Schallemissionsanalyse sehr gut zur Bewertung der Wirkung der Elektrostimulation auf die Knochenneubildung herangezogen werden kann.

Die Forschungen zur akustischen Emissionsanalyse entwickeln sich gegenwärtig auf zwei Ebenen. Parallel zum weiteren Ausbau der festkörperphysikalischen Grundlagen bemüht man sich in der Technik verstärkt um eine Anwendung als quasizerstörungsfreies Prüf- und Überwachungsverfahren. Es muß festgestellt werden, daß Fortschritte nur durch ein weiteres enges Wechselspiel zwischen diesen beiden Ebenen zu erwarten sind. Die bisher erzielten Ergebnisse sollten als Ermutigung für weiteres Tun dienen.

Abschließend möchte ich meinen Kollegen Dr. Gille, Dr. Kirchhoff, Dr. Six vom ZFW Dresden sowie Dipl.-Phys. Fischer vom VEB WZ Glas Ilmenau für das Bereitstellen zahlreicher Ergebnisse danken.

Literatur

[1] Joffe, A., The Physics of Crystals. Mc Graw-Hill, NY 1928.

[2] Kaiser, J., Untersuchungen über das Auftreten von Geräuschen beim Zugversuch, Dissertation, TH München, 1950.

[3] Evans, A. G., J. Am. Ceram. Soc. **68** (1975) 239-243.

[4] FISCHER, G., und W, POMPE, Berichte der Deutschen Keram. Gesellschaft **55** (1978) 451—458.
[5] EVANS, A. G., M. LINZER und L. R. RUSSEL, Mat. Sci. Engng. **51**(1974) 253.
[6] SIX, H. J. und G. KIRCHHOFF, Zur Anwendbarkeit der Schallemisionsanalyse für die Aufklärung mechanisch bzw. thermisch induzierter Bruchvorgänge, Dissertation. AdW, ZFW Dresden, 1980.
[7] LANGE, F. F., in: R. C. BRADT, D. F. HASSELMAN, F. F. LANGE, Fracture Mechanics of Ceramics. Plenum Press, New York 1974 Bd. 2, S. 599—609.
[8] GILLE, G., und G. KIRCHHOFF, Tagungsberichte der 5. Polnischen Pulvermetallurgischen Konferenz, Bd. 2, Poznan, Oktober 1979.

W. Morgner

Die Einbeziehung der Schallemissionsanalyse in die Prüfung mechanisch und korrosiv beanspruchter Werkstoffe und Bauteile

1. Einleitung

Der ständig steigende Zwang zur Materialökonomie macht es erforderlich, die Sicherheitsreserven unserer Werkstoffe voll auszuschöpfen. Um die notwendige Zuverlässigkeit der Bauteile zu garantieren, wird die Berücksichtigung moderner Werkstoffprüfverfahren in allen Etappen des Reproduktionsprozesses immer notwendiger. Einerseits trägt die Werkstoffprüfung zu einer ständigen Verbesserung der Werkstoffqualität bei, andererseits hat sie uns aber auch gelehrt, daß es keinen Werkstoff gibt, der frei von Fehlern ist, und daß wir es lernen müssen, mit dem Fehler zu leben.

Mit dem Fehler leben heißt nicht, ihn zu dulden, sondern im Gegenteil, es werden ständig neue zerstörungsfreie Verfahren zur Fehlersuche (Defektoskopie) und in letzter Zeit besonders zur Fehlermessung (Defektometrie) entwikkelt. Mit der Bruchmechanik werden uns neue Mittel in die Hand gegeben, um vorhandene Fehler besser beurteilen zu können (Defektologie). Endziel der Einbeziehung der Werkstoffprüfung in den Reproduktionsprozeß muß es immer bleiben, dazu beizutragen, daß Werkstoffehler vermieden werden.

Mit dem Fehler leben bedeutet aber auch, sein Verhalten unter Belastung einschätzen zu können. Mit der Schallemissionsanalyse, deren Grundlagen bereits von Pompe [1] ausführlich besprochen wurden, ist uns ein solches Mittel in die Hand gegeben worden. Die Schallemissionsanalyse (SEA) erfordert eine mechanische Belastung des Werkstoffs. Sie ist daher im Unterschied zu den bisher üblichen statischen zerstörungsfreien Prüfverfahren ein dynamisches Verfahren. Die SEA ermöglicht im Unterschied zu anderen Verfahren, aktive von passiven Fehlern zu unterscheiden, ermöglicht weiterhin eine globale anstelle einer lokalen Prüfung.

Diese charakteristischen Unterschiede zu den konventionellen zerstörungsfreien Prüfverfahren gereichen besonders beim Druck- und Berstversuch von Gas- und Flüssigkeitsbehältern und bei bruchmechanischen Untersuchungen im Laborversuch zum Vorteil.

2. *Druck- und Berstversuch*

2.1. Vorbemerkungen

Die Einbeziehung der Schallemissionsanalyse in die Druck- und Berstprüfung gehört zu den perspektivreichsten Anwendungsgebieten für die SEA. Beim Berstversuch geht das Bestreben dahin, den voraussichtlichen Berstdruck und Schadensort vorauszubestimmen und den Berstversuch möglichst nicht bis zum Ende durchführen zu müssen. Beim Druckversuch geht es darum, evtl. vorhandene gefährliche Risse oder Leckstellen nachzuweisen. Während es beim Berstversuch zur Vorhersage des Berstdrucks und der voraussichtlichen Schadenstelle noch Vorbehalte gibt [2], gehört die Möglichkeit, Lecks mittels SEA nachzuweisen, zu den gesicherten Einsatzmöglichkeiten dieses Verfahrens [3–6]. Die Ursachen für diese wahrscheinlich berechtigte unterschiedliche Bewertung liegen darin begründet, daß das Bersten von Behältern nicht unbedingt von einem einzelnen Werkstoffehler ausgehen muß, dessen Rißauslösung freilich genügend Schallemissionen auslösen würde, sondern daß auch Ausbeulen infolge örtlicher plastischer Verformung die Ursache eines Versagens sein kann, welches mittels SEA nur schwer erfaßt werden kann, da die bei plastischer Verformung entstehenden Signale um Größenordnungen schwächer sind als bei der Rißausbreitung [7]. Außerdem können bei solch hohen Belastungen abplatzende Oxidhäutchen, lose Teile und andere unwesentliche Schallquellen die Deutung der Ergebnisse erschweren.

Anders ist es bei hydrostatischen oder pneumatischen Prüfungen weit unter dem Berstdruck, wo es bereits zahlreiche erfolgreiche Anwendungen der SEA gibt. Das liegt sowohl am sicheren Nachweis von Leckagen mittels SEA als auch an der breiteren Anwendung der Druckprobe als Abnahmeverfahren gegenüber der stichprobenartigen Anwendung des Berstversuchs, der hauptsächlich in der Phase der Forschung und Entwicklung von Interesse ist.

In letzter Zeit häufen sich die Angaben darüber, daß die SEA zur serienmäßigen Leckprüfung eingesetzt wird. Kelly und Pollock [3] berichten über solche Prüfungen an isolierten Tieftemperaturethylenrohren aus einer Al-Legierung sowie an 7000 Überhitzerrohren aus warmfestem Stahl. Die größte Anwendung verspricht man sich bei Druckbehältern. In einem anonymen Bericht aus den USA [8] wird der hohe ökonomische Effekt bei der serienmäßigen Prüfung solcher Erzeugnisse bei der Hydril Co. in Los Angeles und der Atlantic Richfield Co. in Washington hervorgehoben. Besonders werden die Forschungen für die Anwendung bei Reaktordruckgefäßen vorangetrieben.

Pollock [9] recherchiert 62 Arbeiten über die Anwendung der SEA zur Prüfung von Reaktorgefäßen und weist an 43 Fällen des Einsatzes der SEA nach, daß hier die Tendenz von anfänglichen Rauschanalysen zur Wasserdruckprobe vor Inbetriebnahme und zur kontinuierlichen Betriebsüberwachung geht.

Nachfolgend soll über einige eigene Erfahrungen bei der Einbeziehung der SEA in Wasserdruckproben und Berstversuche berichtet werden. Die physikalischen Grundlagen der SEA bei ausströmenden Flüssigkeiten und Gasen werden dabei nicht berührt. Hierzu wurde von FÖRSTER [4] kürzlich ausführlich berichtet.

2.2. Meßapparatur und Untersuchungsobjekte

Abb. 1 enthält das Blockschaltbild der benutzten Anlage. Die von einem Leck oder einem sich ausbreitenden Riß ausgehenden Schallwellen werden vom Behälterwerkstoff weitergeleitet und gelangen zu einem resonanten piezoelektrischen Wandler, der die mechanischen Schwingungen in ein elektrisches Signal umwandelt. Dieses Signal wird von einem rauscharmen Vorverstärker um 40 dB verstärkt. Ein Bandpaß läßt nur Frequenzen im Bereich von 100 kHz bis 300 kHz passieren. Der Vorverstärker ist mit einem Hauptverstärker gekoppelt, der eine weitere Verstärkung von 60 dB zuläßt. Von einem Zähler werden alle Signale registriert und aufsummiert, die nach der Verstärkung die Schwelle von 1 V überschreiten. Gleichzeitig werden die verstärkten Signale dem Datenverteilungsanalysator zugeführt. Dieser ordnet die Daten je nach gewählter Arbeitsweise (Amplitudenverteilung, Zählungen, Impulsbreite, Ortung) und eingestellten Parametern und speichert sie ab. Durch einen externen

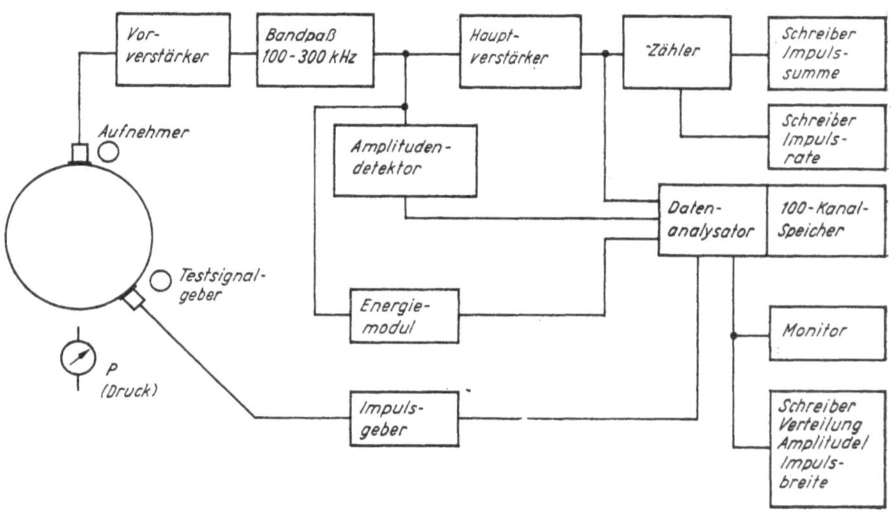

Abb. 1 Blockschaltbild der verwendeten Anlage

Speicher sind zwei verschiedene Messungen gleichzeitig durchführbar. Bei der Aufzeichnung von Amplitudenverteilungen werden die Signale vom Vorverstärker direkt einem Amplitudendetektor und erst danach dem Datenverteilungsanalysator zugeführt. Um einen möglichst großen Bereich überstreichen zu können, erfolgt die Einteilung der Maximalamplituden in 1-dB-Schritten, d.h. logarithmisch. Die Anlage wurde je nach Erfordernis mit einem Geber (integrale Messung) oder mit zwei Gebern (lineare Ortung bzw. geometrische Filterung) betrieben.

Die Meßobjekte entstammten betrieblichen Aufgabenstellungen und umfaßten kleine mit künstlichen Kerben versehene Modellbehälter aus Stahl 16CrMo4.4 und AlCu4Mg1F 42 von etwa 1 m Länge, 100...120 mm Außendurchmesser und Wanddicken zwischen 8 und 20 mm sowie große Zylinderköpfe von etwa 1500 mm Ø von Gasumlaufpumpen aus GGL 35, einem geschweißten, plattierten Chemiereaktor von 40 m Höhe und einen 32-m^3-Flüssiggasbehälter.

2.3. Ergebnisse

2.3.1. Wasserdruckprobe

An den Zylinderköpfen und dem Chemiereaktor wurde die Wasserdruckprobe durchgeführt und gleichzeitig die Schallemission gemessen. Als wichtige Voraussetzungen für empfindliche SE-Messungen wurde die Beachtung einiger Vorbedingungen erkannt. Dazu gehören

- Ermittlung der zu erwartenden Signaleigenschaften in Vorversuchen (Signalform, Schallschwächung des Materials),
- Verwendung eines flexiblen Druckschlauches zwischen Prüfobjekt und Druckpumpe,
- Vermeidung von hohen Strömgeschwindigkeiten in den Leitungen,
- Vermeidung von Reibung zwischen externen Konstruktionsteilen und dem Prüfobjekt,
- Vermeidung einer mechanischen Berührung des Prüfobjektes durch Personal in Phasen der Drucksteigerung,
- Vermeidung zu hoher Drucksteigerungsraten ($>0{,}1\ \mathrm{MPa} \cdot \mathrm{min}^{-1}$),
- Vermeidung elektromagnetischer Störungen.

Vor der eigentlichen Druckprüfung wurden Vorversuche durchgeführt, um typische, zu erwartende Signale bei Leckage und Rißbildung bzw. Rißfortschritt von möglichen Störgeräuschen anhand der statistischen Verteilung von Signalparametern zu unterscheiden und die Schallschwächung des Materials im verwendeten Frequenzbereich zu untersuchen.

Signale von Leckagen wurden durch leichtes Öffnen von Absperrventilen und Flanschverbindungen erzeugt. Es zeigte sich, daß bereits Lecks von weniger als 1 cm^3/s zu nachweisbaren Schallemissionen führen. Unter Betriebsbedingungen (bei Vorhandensein eines höheren Störpegels) muß diese Schwelle höher angesetzt werden [6]. Eine typische Amplitudenverteilung für Lecksignale, aufgenommen an einem undichten Flansch während der Wasserdruckprobe eines Umlaufpumpen-Zylinderkopfes aus GGL 35 zeigt Abb. 2. Davon unterscheidet sich deutlich die Amplitudenverteilung des Maschinengeräuschs (Abb. 3) und die während der Rißausbreitung an 3-Punkt-Biegeproben ausgenommene Verteilung (Abb. 4). Solche Unterschiede spiegeln sich auch in der Impulsbreitenverteilung wider, obwohl sie nicht ganz so markant sind. Weitere Vorversuche an den Zylinderköpfen aus GGL 35 zeigten, daß das gesamte Volumen des Objektes mit einem einzelnen Geber von einer beliebigen Stelle aus erfaßt werden kann, da die maximalen Schallwege nicht über 2 m

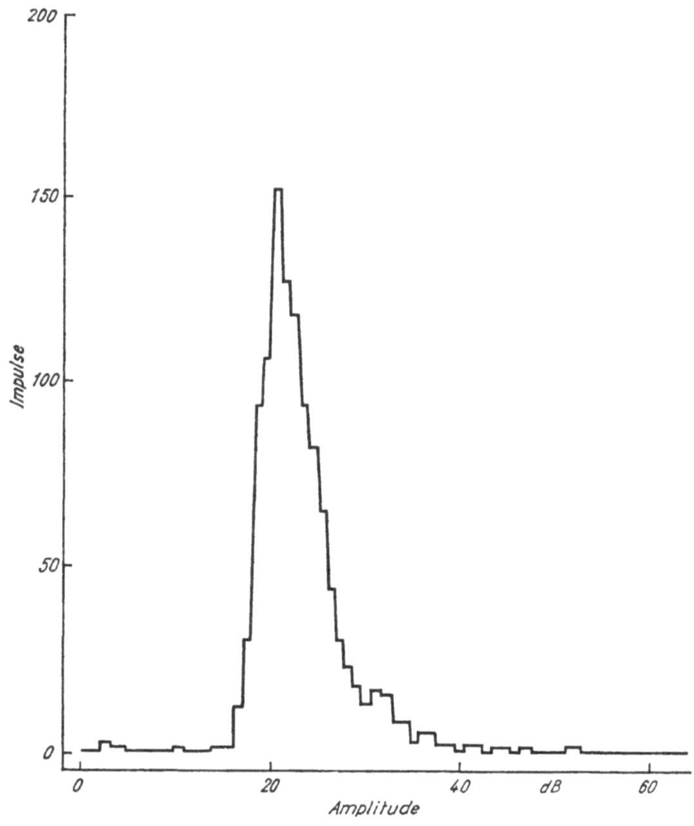

Abb. 2 Amplituden-Häufigkeitsverteilung der Signale eines künstlich erzeugten Lecks am Zylinderkopf einer Umlaufpumpe bei der Wasserdruckprobe

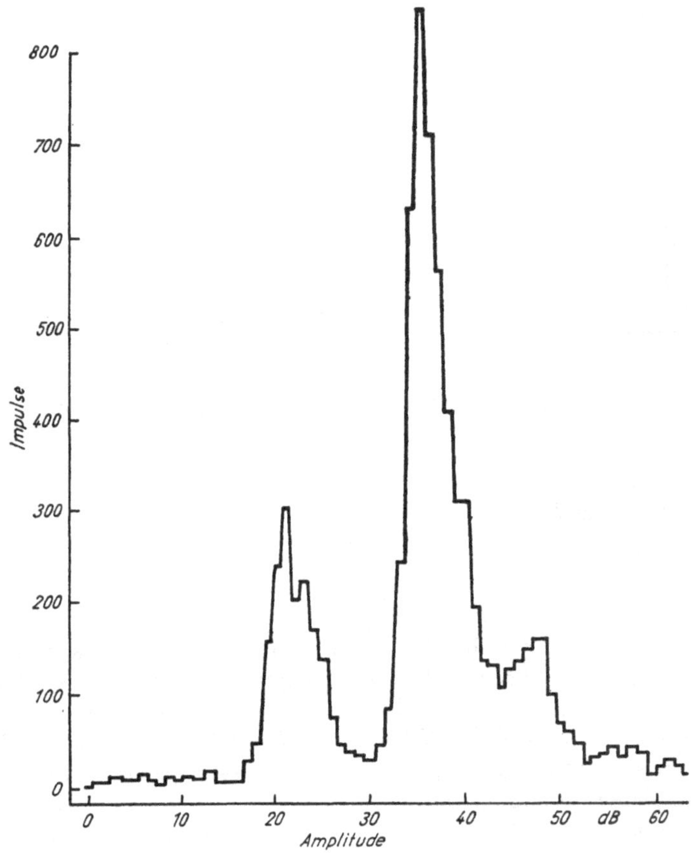

Abb. 3 Amplitudenverteilung des Umlaufpumpengeräusches

betrugen und die Schallschwächung auf diese Distanz und bei 100...300 kHz unbedeutend ist.

Etwas anders lagen die Verhältnisse bei dem Großbehälter mit maximalen Schallwegen von über 40 m. Hier mußte durch spezielle Voruntersuchungen geklärt werden, welche maximalen Abstände Geber-Schallquelle zumutbar sind. Die Untersuchungen wurden unter Verwendung eines zusätzlichen Ultraschallimpulsgebers durchgeführt, der in Abständen von 1 m, 2 m, 5 m und 10 m vom Schallaufnehmer auf der Behälteroberfläche angebracht wurde.

Aus der Verschiebung der Häufigkeitsmaxima der Amplitudenverteilungen (Abb. 5) läßt sich je nach Abstand eine Dämpfung von 2 dB, 5 dB und 8 dB ermitteln. Das entspricht theoretischen Überlegungen, wonach die Amplitude

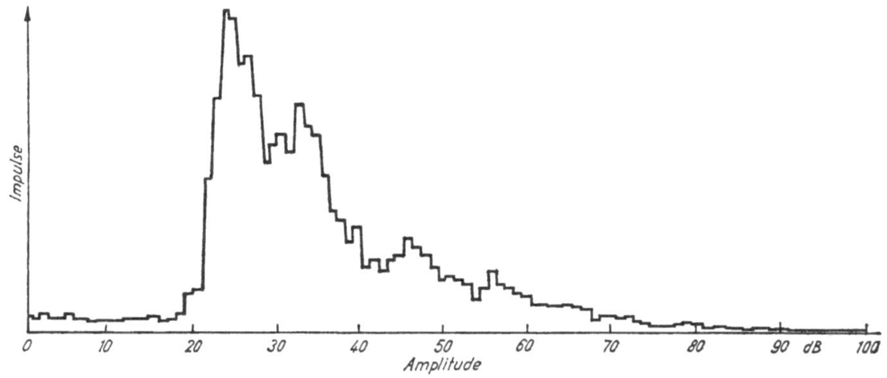

Abb. 4 Amplitudenverteilung der Signale bei der Rißausbreitung an GGL-Proben des Zylinderkopfmaterials

mit der Entfernung r gemäß

$$A \sim \frac{1}{\sqrt{r}} \tag{1}$$

abnimmt. Geht man von den für die Risse und für die Leckagen ermittelten Signalamplituden aus, so läßt sich ableiten, daß Rißsignale noch aus 25 m Entfernung und Lecksignale je nach Höhe des Flüssigkeitsstroms noch aus 5 bis 10 m Entfernung registriert werden können. Diese Werte stimmen mit Angaben von Lord u. a.[5] überein, die hierzu systematische Untersuchungen durchführten. Um sicher zu gehen, wurde aus diesem Grunde, wie in Abb. 6 schematisch dargestellt, der Behälter von vier Etagen aus nacheinander auf Schallemissionen untersucht.

Die eigentlichen Druckversuche wurden so durchgeführt, daß der Druck allmählich mit eingeschobenen Haltephasen auf den Maximaldruck gesteigert wurde, danach wurden unter Ausnutzung des Kaiser-Effekts wiederholte teilweise Entlastungen auf etwa 80% des Maximaldruckes und wiederholte Belastungen auf den Maximaldruck durchgeführt. In der Literatur [11–13] wird diese Art des Vorgehens ebenfalls empfohlen. Wenn es sich um Druckbehälter handelt, sollte der Prüfdruck entsprechend der üblichen Wasserdruckprobe über den Betriebsdruck hinausgehen.

Abb. 7 gibt einen Versuchsablauf am Großbehälter wieder, bei dem zwischen 0,51 und 0,54 MPa 27300 Impulse registriert wurden (Kurve 1). Eine Analyse der Amplituden- und Impulsverteilung wies auf eine Leckage hin. Nach Überprüfung der Flansche konnte visuell ein undicht gewordener Verschluß festgestellt werden. Nachdem die Deckelschrauben nachgezogen waren, traten bei wiederholter Wasserdruckprobe zunächst keine Emissionen bis 0,51 MPa auf.

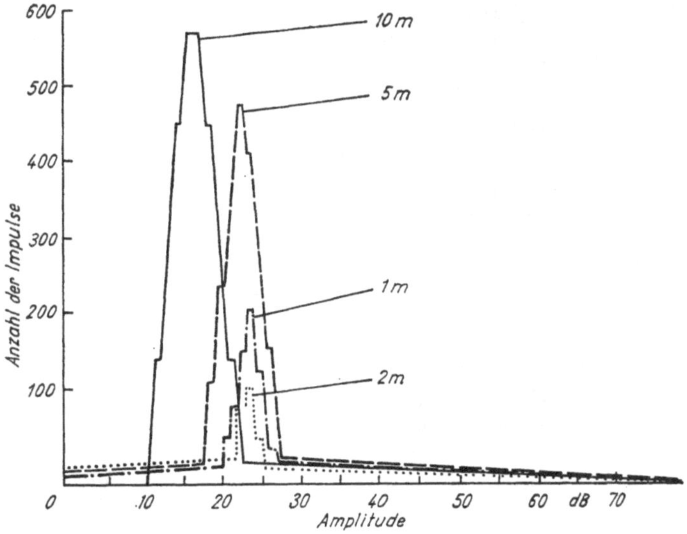

Abb. 5 Häufigkeitsverteilung der Amplituden eines elektronisch erzeugten Testsignals, aufgenommen bei verschiedenen Abständen zwischen dem Testwandler und dem Aufnehmer

Der mit *a* gekennzeichnete Impulsbetrag (Kurve 2 bei 0,53 MPa) stellt ein Störgeräusch dar, welches durch einen Mitarbeiter verursacht wurde, der auf einer drei Etagen entfernten Arbeitsbühne entlang lief. Die bei 0,54 MPa sich einstellenden Impulse konnten auf eine weitere Undichtheit an einem anderen Flansch zurückgeführt werden. Eine dritte und vierte Wiederholung der Druckprobe bis zu Drücken von 0,54 MPa zeigte keine Emissionen mehr. Der geprüfte Behälter und die geprüften Zylinderköpfe sind seitdem mehrere Monate ohne Beanstandungen in Betrieb.

2.3.2. Berstversuch

Dem Berstversuch an Modellbehältern liefen ähnliche Vorversuche wie an den Objekten für die Wasserdruckprobe voraus. In diese Vorversuche wurden 3-Punkt-Biege-Versuche an gekerbten Proben mit unterschiedlicher Kerbschärfe einbezogen. Dabei stellte sich z. B. bei Rohren aus AlCu4Mg1F42 heraus, daß die Schallemissionen mit der Kerbschärfe zunehmen und um so früher einsetzen, je schärfer der Kerb ist (Abb. 8). Ohne Kerb traten an dem duktilen Material nur Verformungsbrüche mit wenig Schallemissionen kurz vor dem Bruch auf.

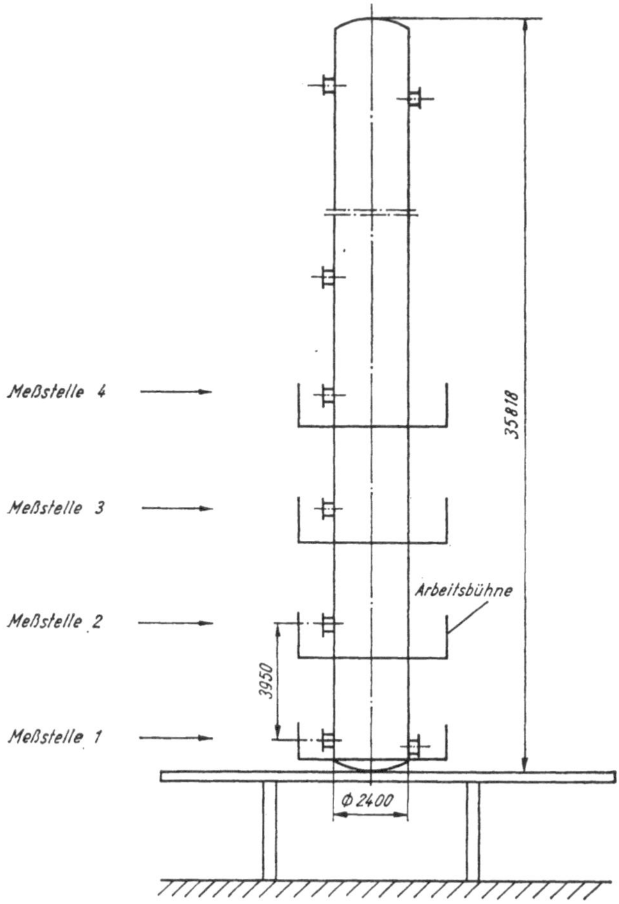

Abb. 6 Prüfbereiche am Chemiereaktor (schematisch)

Als repräsentatives Beispiel sollen die Ergebnisse an einem gekerbten 16CrMo4.4-Behälter dienen, der bei gleichzeitiger Registrierung des Druckes, der Schallemission und der Kerbaufweitung bis zum Bruch belastet wurde. Die Schallemission wurde gleichzeitig mit zwei Aufnehmern registriert und im Regime „lineare Ortung“ die Häufigkeitsverteilung der emittierten Schallsignale über die Behälterlänge. Die spezielle Geberanordnung ermöglichte gleichzeitig eine „geometrische“ Filterung, indem weiter entfernte Maschinen- und Strömungsgeräusche ausgeschaltet wurden.

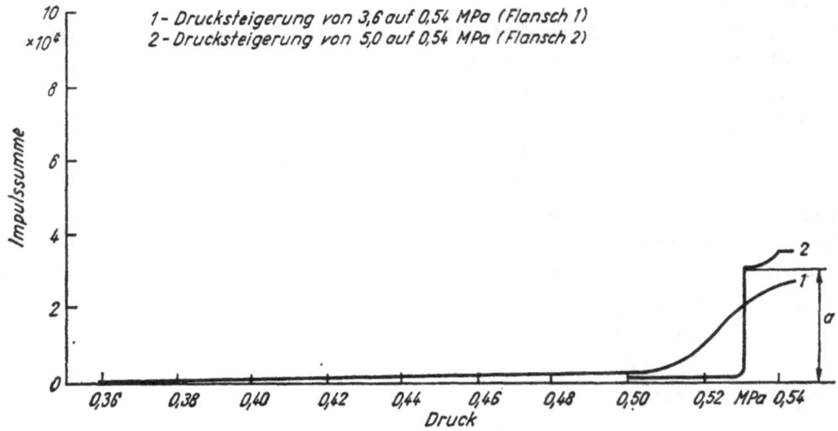

Abb. 7 Beispiel eines Versuchsablaufs am Chemiereaktor:
1 – Drucksteigerung (Leckage am Flansch 1) (statt 3,6 lies 0,36),
2 – zweite Drucksteigerung (Leckage am Flansch 2) (statt 5,0 lies 0,50),
a – Durch mechanische Geräusche hervorgerufene Störung

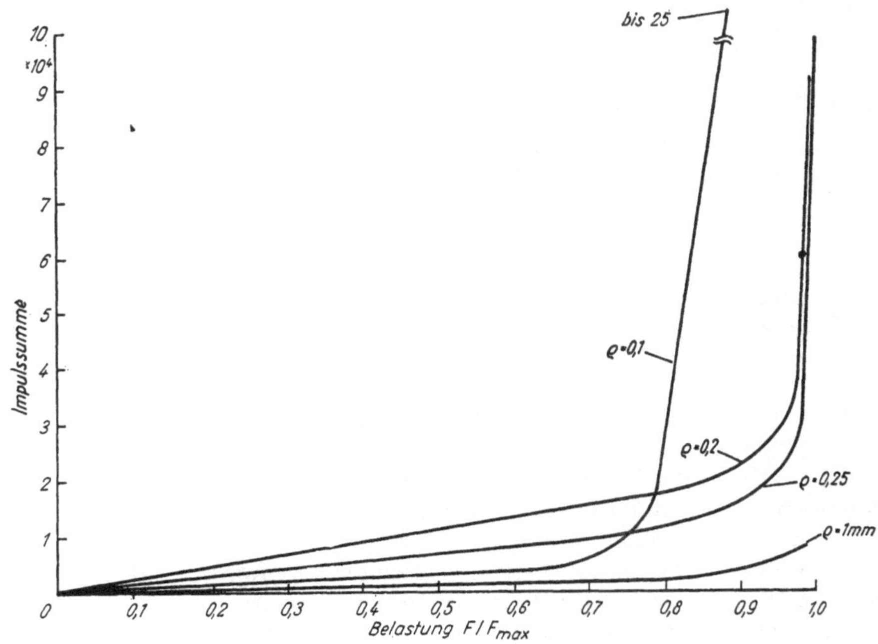

Abb. 8 Schallemissionsverlauf während statischer Belastung von gekrümmten 3PB-Proben aus AlCu4Mg1F42 bei unterschiedlicher Kerbschärfe

Abb. 9 zeigt das Ergebnis für die Kerbaufweitung und die Schallemission in Abhängigkeit vom aufgebrachten Druck. Die Daten des Diagramms wurden aus Zweckmäßigkeitsgründen jeweils auf den Maximalwert bezogen. Die Ergebnisse zeigen deutlich, daß Schallemissionen bereits bei etwa 50% der Endlast auftreten. Vermutlich beginnt bereits hier die Mikrorißbildung vor dem Kerb. Eine deutliche Zunahme der Kerbaufweitung wird erst bei 80% der Endlast angezeigt. Nachfolgende Bruchflächenuntersuchungen ergaben, daß die Rißbildung nicht unmittelbar vom eingebrachten Kerb ausging, sondern in einer gewissen Entfernung davon im Innern des Materials begann. Die Ergebnisse der in Abb. 10 festgehaltenen linearen Ortung stimmten entgegen einer festkörpermechanischen Vorausberechnung völlig mit der Bruchflächenuntersuchung überein.

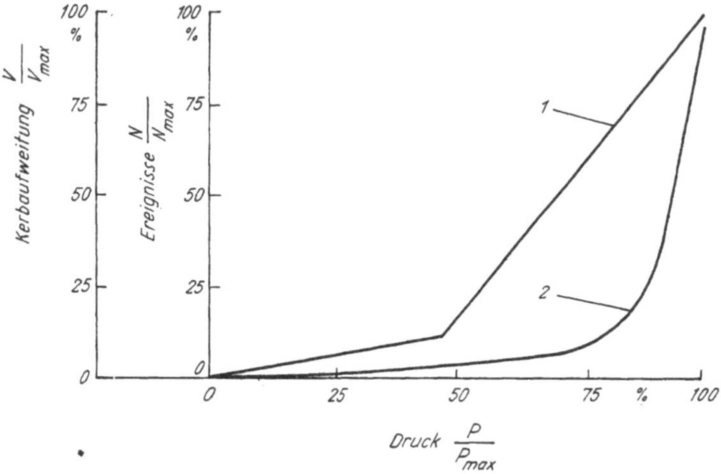

Abb. 9 Häufigkeitsverteilung der bis zum Bersten registrierten Schallemissionen über die Behälterlänge eines Modellbehälters aus 16CrMo4.4

3. *Bruchverhalten von Proben bei statischer Beanspruchung*

Hauptaufgabe der Bruchmechanik ist es bekanntlich, den Widerstand eines Werkstoffes gegen Rißausbreitung einzuschätzen [17].

Daß die Methoden der Bruchmechanik oft noch ein recht grobes Werkzeug sind [15], liegt nicht an der Theorie, sondern am gegenwärtigen Stand der experimentellen Ermittlung bruchmechanischer Kennwerte. Für die Berechnung bruchmechanischer Kennwerte ist es nämlich notwendig, möglichst genau die kritischen Parameter zu ermitteln, bei denen das Rißwachstum einsetzt, und zu ermitteln, mit welcher Geschwindigkeit es vonstatten geht.

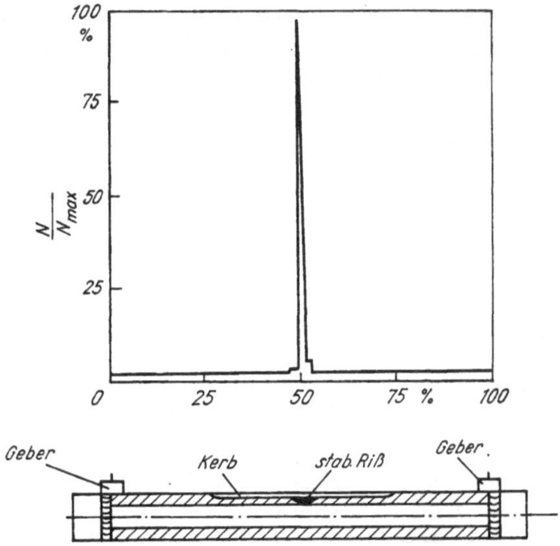

Abb. 10 Verlauf der Schallemission und der Kerbaufweitung während eines Berstversuchs an einem Modellbehälter aus 16CrMo4.4

In letzter Zeit wurden in dieser Richtung bedeutende Fortschritte erzielt. An dieser Stelle soll über Erfahrungen bei der Einbeziehung der Schallemissionsanalyse in komplexe Rißwachstumsuntersuchungen zur Ermittlung der Bruchzähigkeit bei quasistatischer und schwingender Beanspruchung berichtet werden.

3.1. Probenmaterial und Versuchsaufbau

Die statischen und dynamischen Untersuchungen wurden z. T. an 3-Punkt-Biegeproben (3PB-Proben) und z. T. an Kompaktzugproben (CT-Proben) durchgeführt. Als Werkstoffe dienten die höherfesten Stähle H-52-3, H-60-3 und der hochlegierte Stahl URX5CrNi13.

Die Erfahrungen zeigten, daß es für bruchmechanische Untersuchungen unbedingt erforderlich ist, neben der SEA mindestens ein weiteres Meßverfahren anzuwenden. Die SEA wurde daher in andere bruchmechanische Messungen einbezogen, und zwar kamen außer der notwendigerweise üblichen Kraftmessung und der erwähnten SEA die visuelle Messung mittels Meßmikroskop (einschließlich Videoaufzeichnung), die Durchbiegungsmessung, die Kerbaufweitungsmessung und die Messung des elektrischen Potentials über dem Riß der stromdurchflossenen Probe in Anwendung.

Abb. 11 zeigt das Blockschaltbild einer kombinierten Schallemissions- und Potentialmeßeinrichtung bei gleichzeitiger Kraftregistrierung. Die im rechten Teil von Abb. 11 enthaltene Einrichtung zur SEA wurde bereits beschrieben. Zur Messung der Kerbaufweitung wird ein induktiver Wegaufnehmer (IW) der Fa. Holle Magdeburg verwendet, der in Schneiden am Kerb eingesetzt wird.

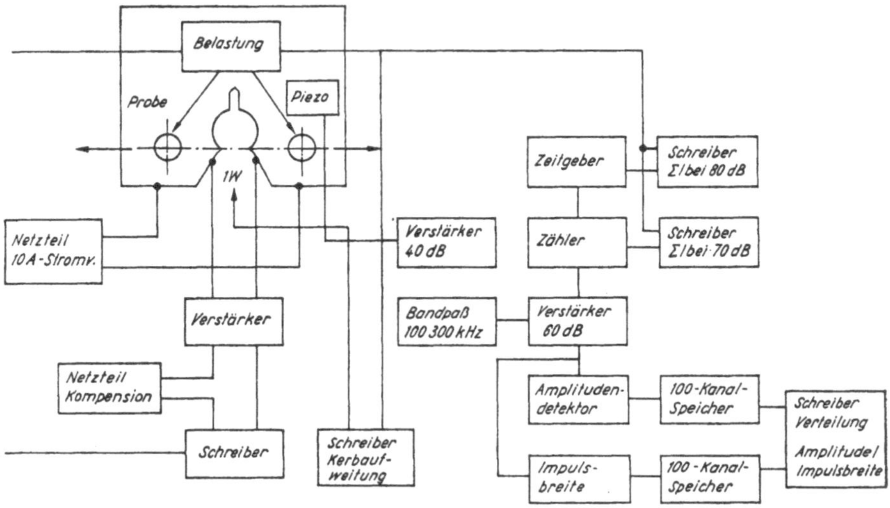

Abb. 11 Blockschaltbild der für komplexe Rißwachstumsuntersuchungen verwendeten Meßapparatur

Zur Messung des am Kerb abgegriffenen Potentials dient ein empfindliches DC-Pico-Millivoltmeter MV 40 vom VEB Präcitronik Dresden. Zur Erzeugung des Spannungsabfalls am Kerb wird ein konstanter Gleichstrom von 10 A durch die Probe geschickt. Die am Kerb bereits im Ausgangszustand anliegende Spannung von etwa 100...200 µV wird schon vor dem Eingang des MV 40 kompensiert, um den empfindlichsten Meßbereich des MV 40 von 100 µV Endausschlag voll nutzen zu können. Zur Glättung der infolge elastischer Rißaufweitungen auftretenden Potentialschwankungen bei dynamischer Belastung dient ein RC-Glied. Die Aufzeichnung der Potentialänderung erfolgt mit einem handelsüblichen y-t-Schreiber.

Vergleichende fraktographische Untersuchungen bestätigen die Literaturangaben [16–18], wonach der Spannungsabfall über dem Riß bei ein und derselben Probe und bei günstiger Anordnung der angeschweißten drahtförmigen Stromzuführungen und Potentialabgriffe linear von der mittleren Rißtiefe abhängt. Bei der verwendeten Meßanordnung betrug die Potentialänderung an Stahlproben bei einem Strom von 10 A etwa 8 μV pro mm Rißfortschritt bzw. 0,4 μV pro mm^2 Rißflächenzuwachs.

3.2. Ergebnisse

Als man dazu überging, die SEA mit der bruchmechanischen Prüfung zu koppeln, glaubte man zuerst, man könne allein aus dem Auftreten der ersten Emissionen entscheidende Werkstoffparameter als Zeichen der höchsten Belastbarkeit ableiten. Allein auf Grund des Kaiser-Effekts könnte dies aber leicht zu falschen Schlußfolgerungen führen. Abb. 12 ist ein Beispiel dafür. Es charakterisiert das unterschiedliche Verhalten der Schallemission, der Durchbiegung und des Potentials bei steigender Belastung, gemessen an 3PB-Proben aus H 60. In die 3PB-Proben wurde zur Verschärfung der Kerbwirkung ein Ermüdungsriß eingebracht, wobei eine Belastung von $F_0 = 10^4$ N gewählt wurde. Erst wenn beim nachfolgenden Biegeversuch diese Schwelle überschritten wird, tritt infolge des Kaiser-Effekts scheinbar erstmals Schallemission auf. Bei dieser Art des Auftragens sind Schallemissionen, Durchbiegung und Potential wenig geeignet, kritische Parameter im Sinne der Bruchmechanik zu erkennen. Das gilt auch für die erste Stufe des Potentialanstiegs bei etwa 1 kN, die auf das Aufklaffen des Ermüdungsrisses zurückzuführen ist.

Zur Bestimmung der Bruchzähigkeit K_{Ic} bei statischer Belastung an 3PB-Proben oder an CT-Proben ist nach dem für Werkstoffe mit elastisch-plastischem Verhalten empfohlenen COD-Konzept wegen

$$K_c = (R_e \cdot \delta_c E)^{1/2}, \qquad (2)$$

R_e = Streckgrenze,
E = Elastizitätsmodul,
δ_c = kritische Rißöffnung,

experimentell die kritische Rißöffnung δ_c zu ermitteln, bei der ein bereits vorhandener Riß zu wachsen beginnt. Die Rißöffnung wird in der Praxis auf indirektem Wege über die sogenannte Kerbaufweitung v gemessen, da zwischen δ und v einfache geometrische Beziehungen (siehe [19]) bestehen.

Kürzlich wurde von Williams [20] gezeigt, daß es mittels SEA auch bei Werkstoffen mit elastisch-plastischem Verhalten möglich sei, den kritischen Punkt des beginnenden Rißwachstums auf der Kraft-Kerbaufweitungskurve zu bestimmen, und daß man aus Schallemissions- und Kerbaufweitungsmessungen die Rißausbreitungskraft G nach dem I-Integralkonzept berechnen könne, welche die Bruchzähigkeit duktiler Werkstoffe charakterisiert. Ausgehend von der Annahme, daß die Summe der akustischen Emissionen exponentiell mit der Kerbaufweitung wächst, also

$$\Sigma \mathrm{AE} = C_1 \cdot \delta^n \qquad (3)$$

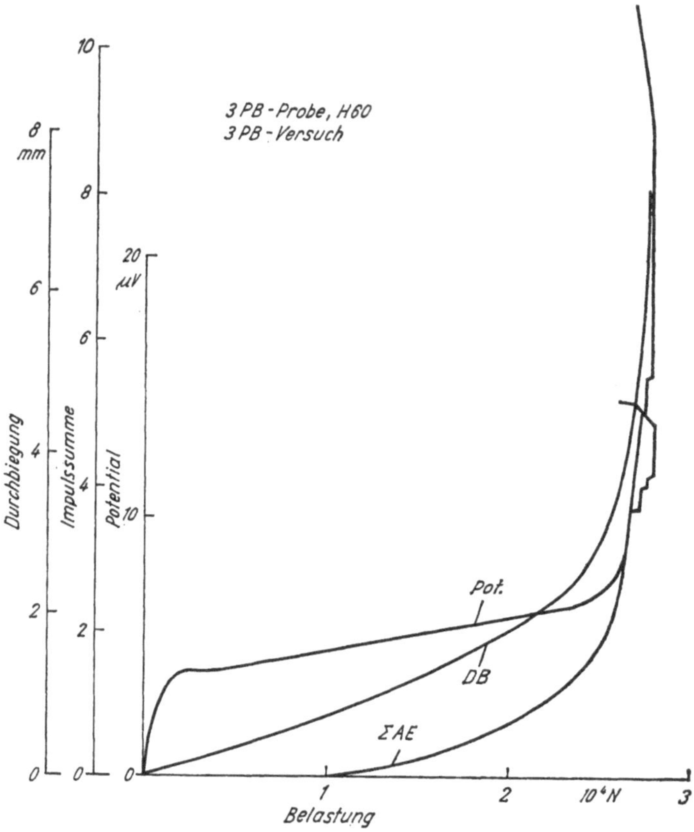

Abb. 12 Änderung der Durchbiegung (DB), der Impulssumme (AE) und des Potentials (Pot) von vorermüdeten 3PB-Proben aus H60 im statischen 3PB-Versuch

ist, lag es nahe, diese Beziehung in logarithmischem Maßstab aufzutragen, um die kritischen Punkte besser erfassen zu können. Aus vielen Ergebnissen, die durchweg den Vorteil dieser Darstellungsweise bestätigten, wurde Abb. 13 ausgewählt und im Vergleich zur Sekantenmethode [19] dargestellt. Es handelt sich um Ergebnisse an einer CT-Probe aus dem weichmartensitischen Vergütungsstahl URX5CrNi13. Der Knickpunkt in der logarithmischen Darstellung stimmt etwa mit dem nach der Sekantenmethode ermittelten Punkt überein.

Weitergehende Untersuchungen brachten gegenüber den Ergebnissen von Williams folgende neue Erkenntnisse:

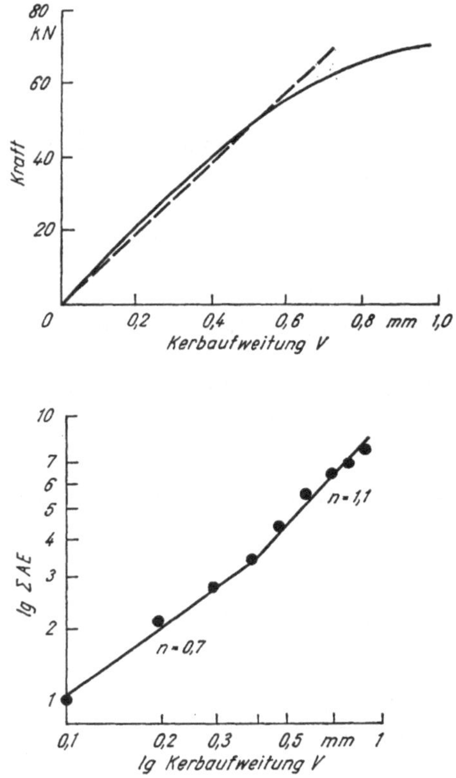

Abb. 13 Ermittlung der kritischen Kerbaufweitung bei CT-Proben aus URX5CrNi13; oben: nach der 5%-Sekantenmethode, unten: aus einer kombinierten Schallemissions- und Kerbaufweitungsmessung

1. Gegenüber anderen Verfahren (5%-Sekantenmethode, Potentialmessung, Mehrprobenmethode) liefert die SEA am deutlichsten einen kritischen Wert der Kerbaufweitung (Abb. 14). Das konnte auch rasterelektronenmikroskopisch belegt werden. Aufnahmen von einer Probe bei einer Belastung kurz vor dem 5%-Sekantenpunkt (noch kein Knick in der Kerbaufweitungskurve) ließen noch kein Rißwachstum erkennen. Hingegen ließ sich bei einer Probe kurz oberhalb des Abknickens der Kerbaufweitungskurve sogar bei einer geringeren Vergrößerung bereits ein mit Hohlräumen und Rissen angereicherter Boden des ursprünglich vorhandenen Ermüdungsrisses sowie ein etwa 80 μm langer Hauptriß nachweisen.
2. Im Unterschied zu Williams [20] wurde gefunden, daß man besser mit

einem Radius der plastischen Zone von

$$r \approx \frac{1}{2\pi} \cdot \left(\frac{K}{R_e}\right)^2 \tag{4}$$

rechnen sollte, wodurch sich für die direkte Berechnung der Rißausbreitungskraft aus den Werten der Schallemission die Beziehung

$$G_I = \frac{\pi}{2} \cdot R_e \cdot \sqrt{\frac{\Sigma AE}{c_1}} \tag{5}$$

ergibt. Unter Anwendung dieser Beziehung erhält man eine bessere Übereinstimmung mit Ergebnissen, welche nach der COD-Methode ermittelt wurden.

An 26 Proben wurde nach der COD-Methode ein K_{Ic}-Wert von 4370 ± 397 ermittelt. Mit Hilfe der kombinierten SEA- und Kerbaufweitungsmessung ergab sich nach (5) ein Wert von 5770 ± 590. Der Unterschied zwischen beiden Werten beträgt annähernd $\left(\frac{\pi}{2}\right)^{1/2}$, entsprechend den theoretischen Ausgangspositionen der Gleichungen (5) und (2).

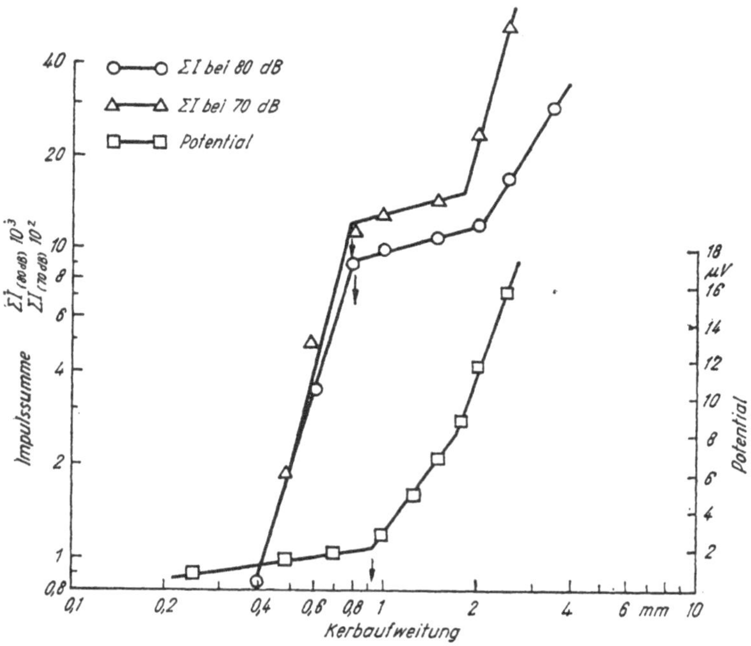

Abb. 14 Impulssumme (60 dB und 80 dB) und Potential in Abhängigkeit von der Kerbaufweitung an CT-Proben aus URX5CrNi13

3. Am untersuchten Werkstoff URX5CrNi13 konnte durchweg festgestellt werden, daß die im logarithmischen Maßstab aufgetragenen SEA-Kerbaufweitungskurven nicht nur bilinear verlaufen, sondern noch einen weiteren charakteristischen Knick aufweisen. Dieser zweite Knick bedeutet noch keinen Übergang zu instabilem Rißverhalten, sondern lediglich eine Änderung in der Rißwachstumsgeschwindigkeit.
4. Trägt man den Potentialverlauf über der Kerbaufweitung in halblogarithmischem Maßstab auf, zeichnen sich ebenfalls, allerdings nicht so deutliche, Knickpunkte im Kurvenverlauf ab, die etwa mit denen des SEA-Verlaufs übereinstimmen.

4. Bruchverhalten von Proben bei dynamisch wechselnder Beanspruchung

Auch die Dauerschwingversuche an den höherfesten Stählen H60-3 und H52-3 zeigten, daß es zur Ermittlung der Rißbildung, des Rißfortschritts und der Kinetik des Ermüdungsbruches unbedingt erforderlich ist, neben der Schallemission noch andere Parameter zu messen. Abb. 15 zeigt Ergebnisse einer gleichzeitigen Anwendung der Schallemissionsanalyse, des Potentialverfahrens und einer visuellen Beobachtung. Sie weist zunächst aus, daß die visuelle Beobachtung erst nach etwa 55000 Lastwechseln Rißbildung anzeigt, allerdings die Rißwachstumsgeschwindigkeit damit bei geschickter Führung des Experiments genügend genau gemessen werden könnte. Obwohl man erst ab etwa 40000 Lastwechseln deutlich eine Potentialänderung feststellen kann, ist jedoch die Potentialmessung am besten für die Ermittlung der Rißwachstumsgeschwindigkeit geeignet. Der Kurvenverlauf ist im Gegensatz zur SEA

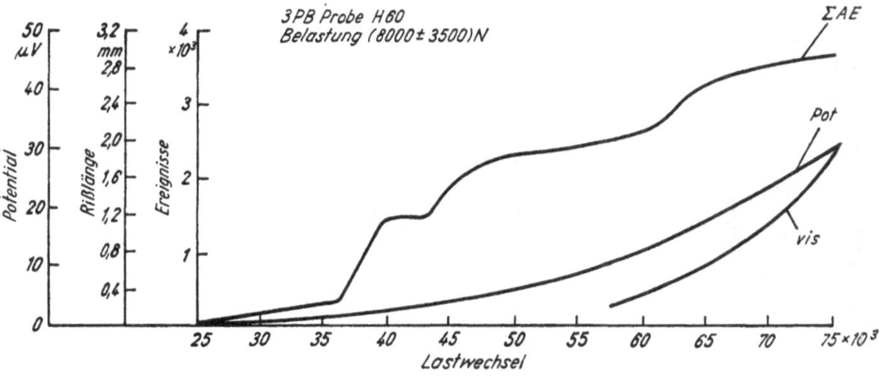

Abb. 15 Visuelle Beobachtung (vis), Schallemissionsanalyse (Σ AE) und Potentialmessung (Pot) im Verlaufe einer Dauerschwingbelastung an 3PB-Proben aus H60

sehr gleichmäßig, weil das Potential wenig von solchen diskontinuierlichen Vorgängen wie plastische Verformung, Mikrorißbildung vor der Rißspitze, Loslösung oder Aufbrechen von Einschlüssen, Abplatzen von Zunder und Reibung der Rißufer beeinträchtigt wird, die andererseits aber (trotz Einbau eines spannungsgesteuerten Tors, um die Druckphase auszuschalten) den Verlauf der Schallemission stark beeinträchtigen können.

Zur Untersuchung der Kinetik der Rißausbreitung, insbesondere aber zur Feststellung des Rißbeginns stellt, wie Abb. 15 zeigt, die Schallemission dennoch ein unentbehrliches Hilfsmittel dar. Zukünftige Forschungen zur Schallemission müssen darauf gerichtet sein, die zu Schallemissionen führenden Effekte exakt zu identifizieren.

In Abb. 16 ist schematisch der Verlauf des Rißwachstums über dem Spannungsintensitätsfaktor wiedergegeben. Dieser Verlauf läßt sich bekanntlich in drei Bereiche einteilen. Im Bereich I kommt es durch Intrusion und Extrusion zu Gleitbandrissen entlang der in Richtung der maximalen Schubspannung verlaufenden aktiven Gleitebenen. Der Bereich II kennzeichnet das stabile Rißwachstum, wobei die unter 45° zur Normalspannung verlaufenden Mikrorisse allmählich in einen senkrecht zur Normalspannung verlaufenden Hauptriß einmünden. Die Vorgänge in der plastischen Zone vor der Rißspitze sind durch Spaltbrüche sowie durch eine Vergröberung der duktilen Schwingungsstreifen bei zunehmender Rißausbreitung gekennzeichnet. Der Bereich III stellt den instabilen Bruch bzw. bei zähen Materialien den Gewaltbruch dar.

Für Lebensdauerprognosen ist das II. Stadium von entscheidender Bedeutung, da es bis zu 95% der Lebensdauer ausmachen kann. Die Rißwachstumsgeschwindigkeit kann recht gut aus der Potentialänderung ermittelt werden,

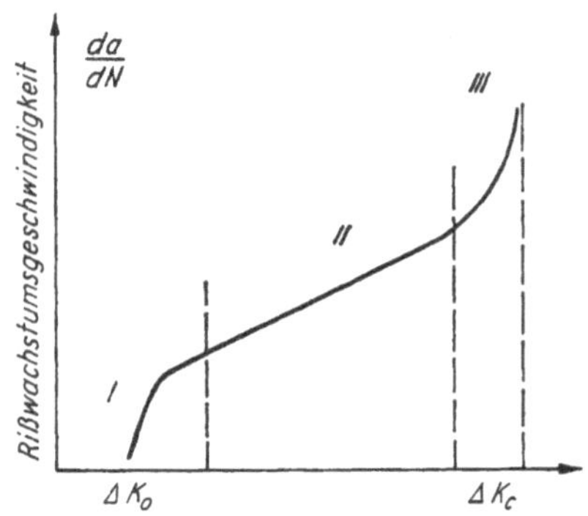

Abb. 16 Schematischer Verlauf der Rißwachstumsgeschwindigkeit da/dN in Abhängigkeit vom Spannungsintensitätsfaktor ΔK

wenn man z.B. von der Beziehung nach PARIS und ERDOGAN [21]

$$\frac{da}{dN} = C\,(\Delta K)^{m} \tag{5}$$

ausgeht.

In Abb. 17 ist die Rißwachstumsgeschwindigkeit für drei Proben aus URX5CrNi13 aus der Potentialänderung ermittelt und in doppeltlogarithmischem Maßstab über der Änderung des Spannungsintensitätsfaktors aufgetragen worden. Die im Diagramm eingetragenen Werte für c und m stehen in guter Übereinstimmung mit Literaturangaben [22] für ähnliche Werkstoffe.

Gegenwärtig laufen Untersuchungen, trotz der Unstetigkeiten im Kurvenverlauf die Schallemission ebenfalls zur Ermittlung der Rißwachstumsgeschwindigkeit auszunutzen.

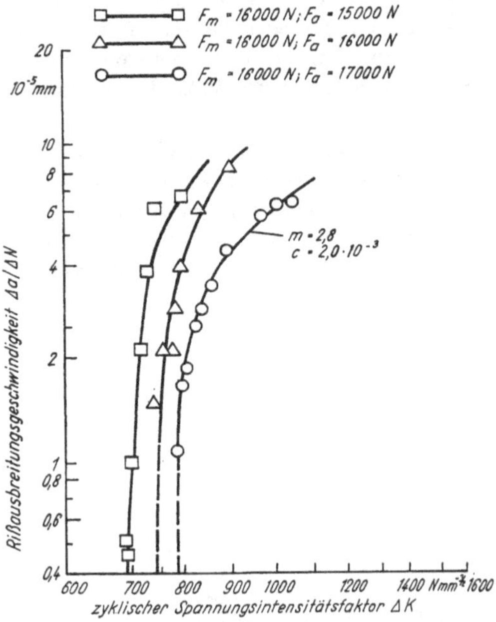

Abb. 17 Die Änderung der Rißausbreitungsgeschwindigkeit in Proben aus URX5CrNi13 im Dauerschwingversuch in Abhängigkeit vom zyklischen Spannungsintensitätsfaktor.

5. *Untersuchung zum Bruchmechanismus*

Die Spezifik der Schallemissionsanalyse ist besonders geeignet, für die Untersuchung von Versagensmechanismen herangezogen zu werden. Als Beispiel sollen Untersuchungen an Gußeisen mit lamellarem Graphit (GGL) herangezogen werden, die an Proben durchgeführt wurden, welche aus einem Kolben herausgearbeitet wurden.

In-situ-Untersuchungen während eines Zugversuchs unter dem Rasterelektronenmikroskop bei gleichzeitiger Aufnahme der Schallemission haben das Modell von GRÜTER [23] bestätigt, daß bei GGL folgender Versagensmechanismus abläuft:

1. Bruch der Graphitteilchen,
2. Lösung der Graphitteilchen von der Matrix,
3. Bildung von Mikrorissen in der Matrix,
4. Vereinigung von Mikrorissen und Bildung eines makroskopischen Risses.

Ausgehend von diesem Schädigungsmodell, wird verständlich, daß bei Belastung von GGL schon frühzeitig Schallemission auftreten muß. Während bei Proben in jungfräulichem Zustand bereits bei geringsten statischen Belastungen Schallemission auftritt, konnten an dem betriebsbeanspruchten Material Schallemissionen bei etwa 30% der Endlast registriert werden (Abb. 18). Das läßt ausgehend vom Kaiser-Effekt den Schluß zu, daß die während der Vorbelastung aufgetretenen maximalen Belastungen etwa 30% der Endlast betrugen.

Bei dynamischer Belastung wurden erste Signale schon nach wenigen Lastwechseln emittiert, wobei die Emissionsrate von den gewählten Belastungsbedingungen abhängig ist. Sowohl bei statischer als auch bei dynamischer Belastung zeigt die Amplitudenhäufigkeitsverteilung der bis zum Bruch aufgenommenen Ultraschallsignale im Frequenzbereich von 100 bis 300 kHz vier

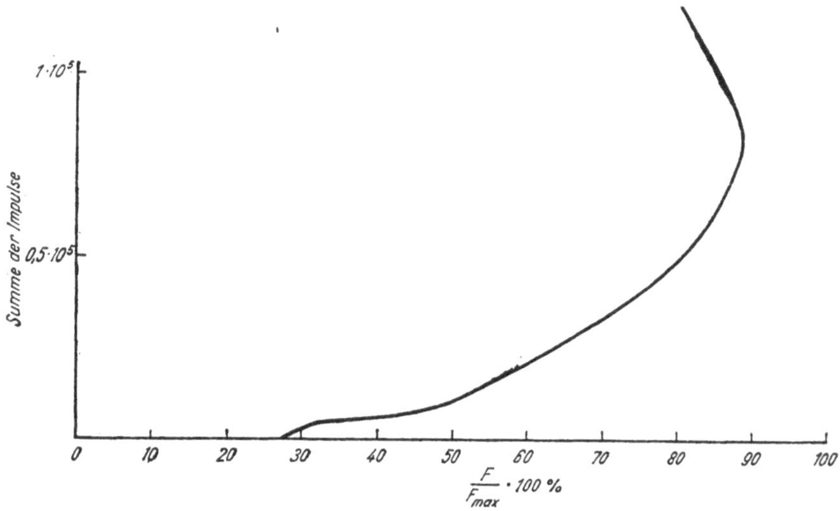

Abb. 18 Schallemission (Impulssumme) in Abhängigkeit vom Grad der statischen Belastung bei GGL

Maxima [24]. Es besteht Anlaß zu der Annahme, daß man diese Maxima den genannten Mechanismen zuordnen kann. Diese Annahme konnte in einem unterbrochenen Dauerschwingversuch (Abb. 19) bestätigt werden. In verschiedenen Lebensdauerabschnitten aufgenommene Amplitudenhäufigkeitsverteilungen zeigten, daß zu Beginn der Schädigung vorzugsweise Signale kleiner Amplituden und mit weiter fortschreitender Schädigung zunehmend Signale mit größeren Amplituden entsprechend dem eingangs geschilderten Versagensmechanismus auftreten. Das Auftreten von Signalen >70 dB deutete immer den unmittelbar bevorstehenden Bruch an.

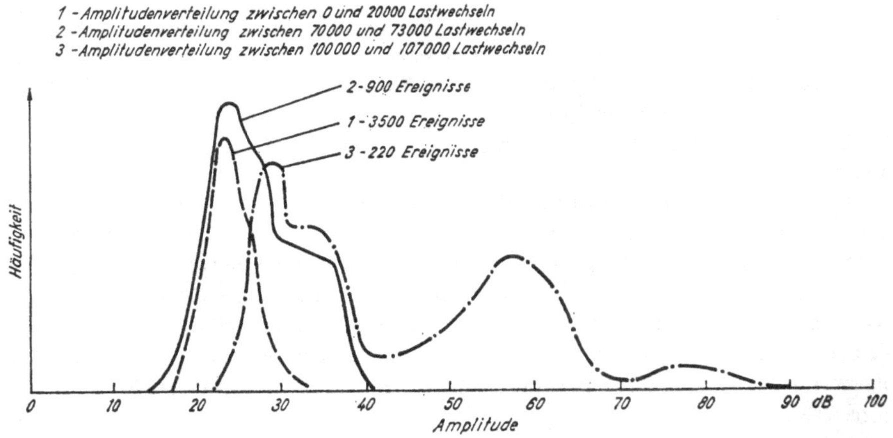

Abb. 19 Änderung der Amplitudenverteilungen der Schallemission im Verlaufe eines Dauerschwingversuchs an GGL

6. *Bruchverhalten von Proben bei korrosiver Beanspruchung*

6.1. Vorbemerkungen

Die Spannungsrißkorrosion (SpRK) ist nach wie vor eine der gefährlichsten Korrosionsarten, da ihre Vorstadien nur in den seltensten Fällen bemerkt werden und sie meist erst im letzten Stadium durch das Bauteilversagen sichtbar wird. Da die Schäden durch Spannungsrißkorrosion im Weltmaßstab einige Milliarden Mark pro Jahr betragen und solche wichtigen Zweige der Volkswirtschaft wie die Energiewirtschaft, die Chemieindustrie und das Verkehrswesen betroffen werden, beschäftigt dieses Problem seit Jahrzehnten in unvermindertem Maße die Korrosionsforschung.

Fortschritte in der Grundlagenforschung und der Weiterentwicklung geeigneter Korrosionsprüfverfahren sind wahrscheinlich nicht durch die Entwicklung eines neuen universellen Prüfverfahrens zu erwarten, sondern durch eine sinnvolle Nutzung neuester Erkenntnisse der Korrosionsforschung, der Bruchmechanik und der zerstörungsfreien Werkstoffprüfung. Nur so kann dem außerordentlich komplexen Charakter der SpRK Rechnung getragen werden.

Der traditionelle Kennwert für die Anfälligkeit eines Werkstoffes gegen SpRK ist die Standzeit. Sie umfaßt die Zeit bis zur Riß*bildung* (Inkubationszeit), die Zeit der Spannungsrißkorrosions*ausbreitung* und die sehr kurze Zeit des rein mechanischen Rest*bruch*es. Da es sich bei der Rißkeimbildung gewisser Korrosionssysteme um sehr langsame Vorgänge handeln kann, ist die Standzeit einer ungekerbten Probe im wesentlichen durch die Geschwindigkeit der Riß*bildung* bestimmt. Bei Untersuchungen an glatten Proben ist man im Hinblick auf in der Praxis immer vorhandene Kerben also nicht auf der sicheren Seite, und man kann zu der falschen Aussage kommen, daß ein Werkstoff unempfindlich gegenüber SpRK sei, obwohl er, wie z. B. bei Ti nachgewiesen [25], durchaus äußerst anfällig gegen die *Ausbreitung* eines SpK-Risses sein kann.

Im Sinne der Bruchmechanik, die den Widerstand eines Werkstoffes gegenüber Rißausbreitung an der Atmosphäre als K_c-Wert definiert, wurde für den Widerstand gegen Rißausbreitung in einem Korrosionsmedium ein K_{scc}-Wert definiert [26]. Das ist derjenige Wert des Spannungsintensitätsfaktors K_I, bei welchem ein mediumempfindliches Rißwachstum zum Stillstand kommt. Die dabei zu bestimmende Meßgröße ist die Rißausbreitungsgeschwindigkeit als Funktion des örtlichen Spannungszustandes am Rißgrund. Dazu ist es erforderlich, die zeitliche Änderung der Rißtiefe erfassen zu können. Hierfür gibt es optisch-visuelle, elektrische, induktive, ultraakustische und mechanische Methoden.

In letzter Zeit hat man insbesondere zur genauen Erfassung der Rißbildung bzw. des beginnenden Rißfortschritts die Schallemission als zusätzliche Meßgröße einbezogen [27]. Unter Berücksichtigung des komplexen Charakters der SpRK sollte man die elektrochemischen Parameter bei den Untersuchungen nicht nur messen, sondern auch sinnvoll verändern können.

Die Entwicklung einer solchen komplexen Anlage und Ergebnisse von SpRK Untersuchungen an höherfesten Stählen für Erdöl- und Erdgasleitungen sollen nachfolgend vorgestellt werden.

6.2. Meßapparatur und Versuchsbedingungen

Die Untersuchungen wurden an 3-Punkt-Biegeproben der Abmessung $120 \times 5 \times 5$ mm^3, höherfester Stahl H60-3, warmgewalzter Zustand, durchgeführt. Die mechanischen Kennwerte ($R_e = 465$ MPa, $R_m = 575$ MPa, $A = 32\%$, $Z = 62\%$) und die chemische Zusammensetzung (0,19% C; 0,36% Si; 1,36% Mn; 0,042% P; 0,023% S; 0,1% V und 0,002% N) entsprachen der TGL 22426

[28]. An Hand metallographischer Untersuchungen konnte für alle Proben die Beanspruchung so gewählt werden, daß die Zugspannung quer zur Walzrichtung wirkte.

In Auswertung von veröffentlichten Schadensfällen an Erdgas-, Fernwärme- und Erdölleitungen wurden als Elektrolyte Nitrat- bzw. Carbonatlösungen verwendet. Sie wurden aus p.a.-Salzen (Na_2CO_3, $NaHCO_3$, $(NH_4)_2CO_3$, NH_4NO_3, $Ca(NO_3)_2$) unter Verwendung von destilliertem Wasser hergestellt. Es wurde im sauerstoffgesättigten Zustand gearbeitet, indem aus einer Sauerstoffgasflasche ständig Sauerstoff in die Lösung geleitet wurde. Die Arbeitstemperatur betrug vorzugsweise 70 °C.

6.3. Apparatur

Die in Abb. 21 schematisch dargestellte Meßapparatur bestand aus der Meßzelle, der Außenstromschaltung (Potentiostat), der Temperaturregeleinrichtung, der Belastungsvorrichtung, der Durchbiegemeßeinrichtung und der Schallemissionseinrichtung.

Die Meßzelle hatte ein Fassungsvermögen von zwei Litern. Sie wies zwei Einbuchtungen auf, die zur mikroskopischen Beobachtung der Probe dienten. Alle anderen Zusatzeinrichtungen der Zelle, außer Heizung und Abfluß, waren zweckmäßigerweise im Zellendeckel fixiert, welcher durch einen Balg aus Polyäthylenfolie beweglich mit dem Glasgefäß verbunden war. Die Probe lag elektrisch isoliert auf zwei Keramikrollen, die durch Stützen aus X8CrNi18.8

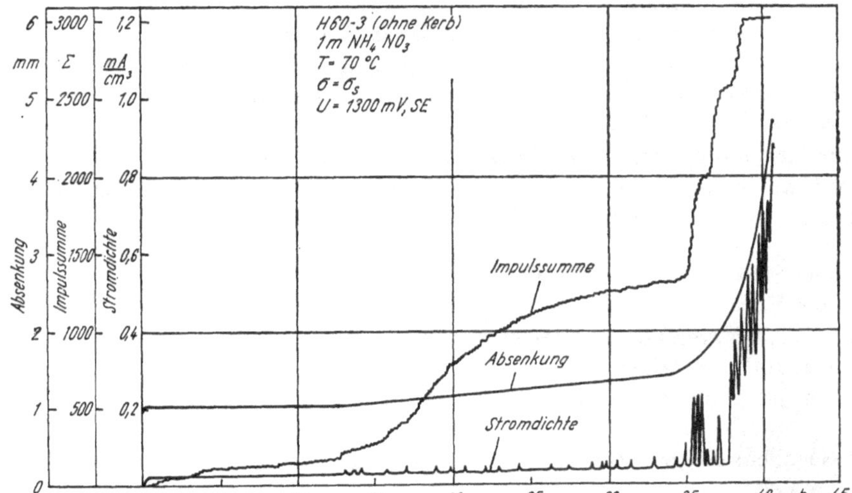

Abb. 21. Anlage für komplexe Spannungsrißkorrosionsuntersuchungen unter Einbeziehung elektrochemischer und mechanischer Parameter sowie der Schallemissionsanalyse

gehalten wurden. Die Stützweite betrug 105 mm. Der in der Mitte angeordnete Belastungsstab wies ebenfalls eine Keramikspitze auf. Als Gegenelektrode diente ein Platinnetz und als Bezugselektrode die gesättigte Silber/Silberchlorid-Elektrode (SE, $U_H = +197$ mV). Die Bezugselektrode befand sich in einem Hilfsgefäß, das in den Elektrolyten eintauchte. Eine von dort ausgehende Kapillare war direkt auf den Probenbereich gerichtet, in dem die größten Spannungen auftraten.

In die Zelle reichte ein Kontroll- und ein Kontaktthermometer. Mit dem Kontaktthermometer wurde über ein Relais, ein Potentiometer und eine geschützte 500-W-Heizspirale die Elektrolyttemperatur auf ± 1°C eingeregelt. Zwei Zuführungen für frische Lösung oder einzuleitende Gase vervollständigten die Zelle. Die Lastaufbringung nach dem Prinzip des einarmigen Hebels konnte stufenweise oder kontinuierlich erfolgen. Die Probenabsenkung wurde mit einem induktiven Wegaufnehmer gemessen, der sich am oberen Ende des Belastungsstabes befand und dessen Signale verstärkt und auf einem Kompensationsbandschreiber als Weg-Zeit-Kurve registriert wurden.

Zur Einstellung der elektrochemischen Potentiale diente ein handelsüblicher Potentiostat, an dem die Bezugselektrode, die Gegenelektrode und die Probe elektrisch leitend angeschlossen waren. Das Probenpotential wurde mit einem elektronischen Millivoltmeter kontrolliert, und ebenfalls mittels Kompensationsbandschreiber wurden die zeitlichen Veränderungen des Anodenstroms registriert. Ein Schwellwertregler schaltete bei plötzlich auftretenden sehr starken Korrosionsströmen die Anlage ab, so daß die Anlage unbeaufsichtigt betrieben werden konnte.

Für das Arbeiten in sauerstofffreien Lösungen war eine Einrichtung (Gasreinigung, Dreihalskolben, Rückflußkühler) zum Auskochen der Lösung unter Inertgas vorgesehen. Über eine Bürette konnten aggressive Ionen in bestimmten Mengen zugesetzt werden.

Zur Ermittlung des Rißbeginns und zur Verfolgung der Rißausbreitungskinetik wurde die Schallemissionsanalyse in die Anlage einbezogen. Diese Einrichtung bestand aus folgenden Bauteilen [29]:

- einem Schallempfänger UAE – 1,1 MHz,
- einem Vorverstärker, 5 KHz ... 2 MHz,
- einem Linearverstärker-Analysator VA-V-100,
- einem 10-MHz-Zähler VA-G-120 und
- einem Ergebnisdrucker VA-G-24A.

Der Schallempfänger war an dem als Wellenleiter dienenden Belastungsstab angekoppelt.

Die Versuche liefen als potentialstatische Halteversuche. Als Potentialbereiche wurden nach Parkins [30] die Bereiche ausgewählt, bei denen sich aus vorhergehenden Stromdichtepotentialmessungen mit unterschiedlicher Potentialvorschubgeschwindigkeit die größten Stromdichteunterschiede ergeben hatten.

Zwecks Verschärfung der SpRK-Bedingungen wurden die Untersuchungen bei erhöhten Temperaturen durchgeführt.

6.4. Ergebnisse

Abb. 20 zeigt als repräsentatives Beispiel der Vielzahl der Untersuchungen [31] den Verlauf der Probenabsenkung, der Schallimpulssumme und der Stromdichte über eine Versuchszeit von etwa 38 Stunden. Die Untersuchungen wurden in 1 m NH_4NO_3 bei $U = -300$ mV, SE, durchgeführt. Bei Belastungsbeginn trat eine Probenabsenkung von etwa 1 mm auf, die bis etwa 30% der Versuchsdauer unverändert blieb. Bereits in dieser Versuchsperiode traten mikroskopisch nachweisbar kleine Risse auf, die bereits nach vier Stunden geringfügige Schallemissionen zur Folge hatten. Diese Risse von etwa 0,5 mm Tiefe führten offensichtlich deshalb zu keiner Probenabsenkung, weil ihre Ausrichtung zunächst weniger senkrecht zur Zugbeanspruchung als vielmehr in Abhängigkeit von der Walztextur erfolgte. Da dieses Rißwachstum ohne plastische Verformung der Probe vor sich ging, kann geschlußfolgert werden, daß es sich hier zunächst um eine spannungsinduzierte Rißkorrosion handelte, die dann nach einer gewissen Inkubationszeit in eine wesentlich schneller ablaufende dehnungsinduzierte Rißkorrosion überging, welche in die Bildung eines Einzelrisses (etwa nach 12 h) mündete.

Von diesem Zeitpunkt ab kam es dann auch infolge des Aufreißens an den Korngrenzen in den Bereichen vor dem Hauptriß zu verstärkter Schallemission, wobei nunmehr auch erste Korrosionsstromspitzen wegen des Aufbrechens deckschichtfreier Bereiche beobachtet werden konnten. Ihr Auftreten ist an den passiven Oberflächenzustand gebunden. Bei niedrigen Potentialen traten solche Maxima nicht auf, da sie von den hohen Aktivströmen überdeckt werden. Mit steigender Rißausbreitungsgeschwindigkeit nahm die Schallimpulssumme zu, bis schließlich die Absenkungsgeschwindigkeit der Probe sehr groß wurde. Da dieses Stadium der Probensenkung nicht mehr auf Rißwachstum, sondern infolge Querschnittsverminderung der Probe hauptsächlich auf Rißaufweitung mit starker plastischer Verformung vor der Rißspitze beruhte, traten keine Schallemissionen mehr auf.

Es hat sich gezeigt, daß die Schallemissionsanalyse weniger geeignet ist, um den Rißfortschritt quantitativ zu erfassen. Sie zeigt jedoch besser als jedes andere Verfahren den Rißbeginn an und spiegelt die Kinetik des Spannungskorrosionsbruches wider.

Zur Berechnung der Rißausbreitungsgeschwindigkeit waren demgegenüber besonders die Absenkungs-Zeit-Kurven geeignet. Aus den Probenabmessungen, der ermittelten Rißlänge und der Belastung wurden die K-Faktoren ermittelt. Durch Extrapolation auf sehr niedrige Rißausbreitungsgeschwindigkeiten

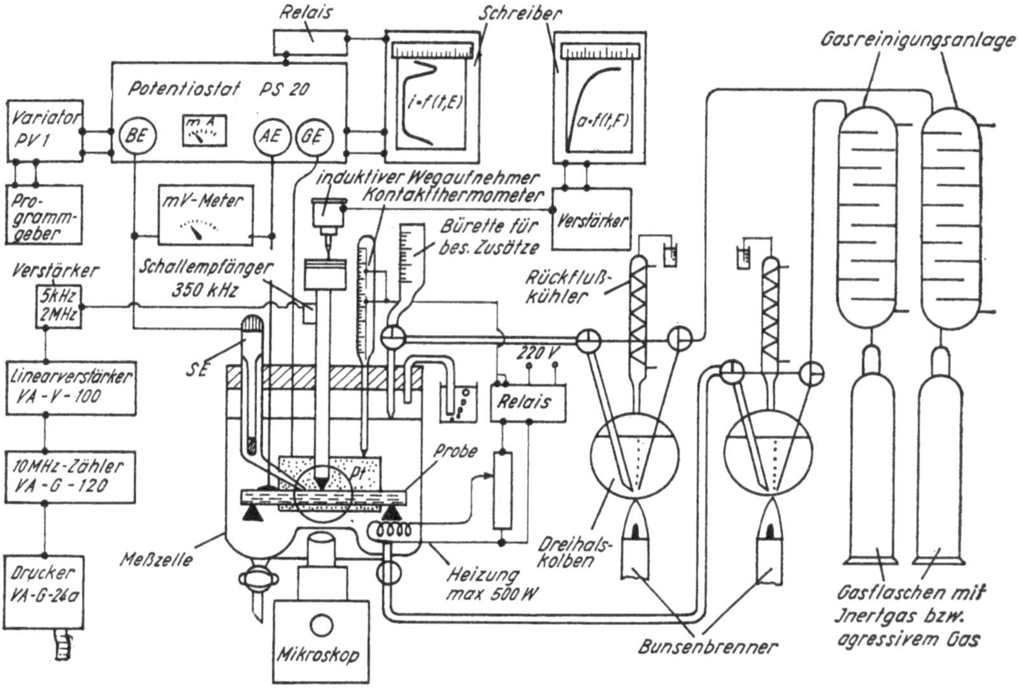

Abb. 20 **Probendurchbiegung, Schallimpulssumme und Stromdichte in Abhängigkeit von der Zeit bei einer 3PB-Probe aus H60-3**

konnten hieraus die für die Spannungsrißkorrosion bedeutungsvollen K_{scc}-Werte ermittelt werden. Hierbei zeigte sich ein großer Einfluß des Potentials auf die K_{scc}-Werte. Während bei -560 mV ein K_{scc}-Wert von 1100 MPa $mm^{1/2}$ ermittelt wurde, betrugen die Werte bei -300 mV nur 950 und bei 0 mV nur noch 440 MPa $mm^{1/2}$. In Ammoniumnitratlösungen konnten bei Spannungen in Höhe der Streckgrenze im ganzen Aktivbereich Spannungsrißkorrosion beobachtet werden, wobei allerdings die Lebensdauer der Proben zu niedrigen Potentialen hin stark zunahm. In Ammoniumkarbonatlösungen trat SpRK ausgeprägt in einem Potentialbereich zwischen -600 und -350 mV (SE) auf.

7. *Zusammenfassung*

Reale Werkstoffe sind bereits im unbelasteten Zustand mit zahlreichen Inhomogenitäten behaftet. Während mechanischer und korrosiver Beanspruchung entstehen weitere Baufehler. Das Wachstum bereits vorhandener Fehler und die Entstehung neuer Baufehler führten wegen der dabei freigesetzten gespeicherten elastischen Energie zu Spannungswellen bzw. Schallemission. Die Schallemissionsanalyse (SEA) gibt wichtige Informationen beim Druck- und Berstversuch sowie bei mechanischer und mechanisch-korrosiver Beanspruchung im Zusammenhang mit bruchmechanischen Untersuchungen.

Im Druckversuch können bei Stahlbehältern unter günstigen Bedingungen noch Lecks von $<1\ cm^3/min$ aus Entfernungen bis zu 10 m, größere Lecks und Risse aus Entfernungen bis zu 25 m, je nach Schallschwächung und Amplitude der Signale, nachgewiesen werden. Mit mehreren Sonden ist eine Ortung der Schallquellen möglich. Druck- und Berstversuchen sollten Vorversuche an Modellbehältern oder Modellfehlern vorangehen, um später Nutzsignale von Störsignalen unterscheiden zu können und um die Schallschwächung des Materials zu ermitteln.

Im Berstversuch kann u.U. mittels SEA der Zeitpunkt des bevorstehenden Berstens vorhergesagt werden. Das ist um so eher möglich, je schärfer die im Material vorhandenen Kerben sind. Versagen durch Ausbeulen und nachfolgenden Verformungsbruch wird kaum erkannt. Die erfolgreiche Anwendung der SEA ist an die Einhaltung von gewissen Vorbedingungen geknüpft, die den Einfluß von mechanischen und elektromagnetischen Störungen weitgehend ausschließen.

Es hat sich herausgestellt, daß die SEA nur in Verbindung mit anderen Versuchen geeignet ist, in bruchmechanische Untersuchungen einbezogen zu werden. Als geeignet erwiesen sich neben der Kraft- bzw. der Druckmessung die visuelle Beobachtung, Durchbiegungs-, Kerbaufweitungs- und Potentialmessungen.

Der besondere Vorteil der SEA besteht darin, in Verbindung mit der Kerbaufweitungsmessung oder der Potentialmessung die Rißbildung bzw. den Beginn des Rißwachstums erkennen zu lassen, wenn die Meßwerte in geeigneter Form graphisch dargestellt werden. Ein weiterer Vorteil der SEA besteht darin, den Rißmechanismus widerzuspiegeln, wenn auch die Einzeleffekte noch nicht immer identifiziert werden können. Die Rißwachstumsgeschwindigkeit läßt sich vorteilhaft über eine Potentialmessung stromdurchfluteter Proben bestimmen. Es wird über praktische Erfahrungen bei Untersuchungen an höherfesten und hochlegierten 3PB- und CT-Stahl-Proben berichtet und die zugehörige Meßapparatur beschrieben.

Auch bei Spannungsrißkorrosionsuntersuchungen ist es vorteilhaft, die SEA in Verbindung mit anderen Messungen durchzuführen. Unter Berücksichtigung des komplexen Charakters der Spannungsrißkorrosion wurde eine Apparatur entwickelt, die es ermöglichte, die derzeit bekannten mechanischen und elektrochemischen Parameter bei der Spannungsrißkorrosion zu messen bzw. einzustellen. Der besondere Anteil der SEA besteht darin, daß man den Rißbeginn und den Bruchmechanismus besser verfolgen kann. Die Apparatur wurde bei Spannungsrißkorrosionsuntersuchungen an höherfesten Stählen in Karbonat-

und Nitratlösungen erfolgreich erprobt. Das Verhalten der Stähle konnte qualitativ und quantitativ beschrieben werden.

Am Beispiel von Gußeisen mit Lamellengraphit wird gezeigt, daß man durch statistische Signalauswertemethoden Informationen über den Bruchablauf erhält.

Dr. ORTMANN, Dr. GÖLLNER, Dipl.-Ing. THEIS und Dipl.-Phys. HEYSE sei für die Bereitstellung gemeinsam erzielter Ergebnisse gedankt.

Literatur

[1] POMPE, W., Zur Anwendung der akustischen Emisionsanalyse in der Festkörperphysik. Sitzungsberichte der AdW, 1981.

[2] STAHLBERG, R., Fehlerlokalisierung und -beschreibung in Bauteilen der Kerntechnik mit Hilfe zerstörungsfreier Prüfverfahren. VEB Kraftwerkstechnik **56** (1977) 11, 773.

[3] KELLY, M. P., und A. A. POLLOCK, Some Examplex of Acoustic Emission Monitoring of Pressurized Components. ASTM STP 697. W. F. HARTMANN und J. W. MCELROY (Hrsg.), American Society for Testing and Materials, 1979, S. 60–70.

[4] FÖRSTER, H., Leckkontrolle durch Schallemission. Sammelband III. Kolloquium Schallemission, Zittau 1980, S. 165.

[5] LORD, A. E., J. N. DEISKER und R. M. KOERNER, Attenuation of Elastic Waves in Pipelines as Applied to Acoustic Emission Leak Detection. Materials evaluation, Nov. 1977, S. 49–52.

[6] GOPAL, J., R. SMITH und G. V. RAO, Acoustic Monitoring instrumentation for Pressurized Water Reactors, ISA Transactions, Bd. 17, No. 3, S. 71–81.

[7] BARTLE, P., Stress wave emission: defining its capabilities. Metals and Materials, März 1976, S. 35–37.

[8] N. N., Detecting flaws by ear. Business week, May 24, 1976.

[9] POLLOCK, A., Progress in acoustic emission monitoring of nuclear plant – a review. Technical Report DE 78-2, S. 1–19, Dunegan/Endevco San Juan Capistrano California.

[10] MORGNER, W., K. THEIS und H. HEYSE, Erfahrungen bei der Anwendung der Schallemissionsanalyse in Druck- und Berstversuchen. Sammelband III. Kolloquium Schallemissionsanalyse, Zittau 1980, S. 187.

[11] BRETFELD, H., A. NÖLKER und H. A. CROSTACK, Anwendung der Schallemissionsanalyse bei der Belastung eines Behälters mit pulsierendem Innendruck. Materialprüf. **19** (1977) 11, 467–470.

[12] WOOD, B. R. A., Acoustic Emission – and its use in Australia. IX. worldconference on non-destructive testing, Melbourne 1979, Vortrag 4 I—2.

[13] ONOE, M., U. ISHII, T. FUJI und S. HORI, Assessment of acoustic emission testing using model pressure vessel. IX. world conference on non-destructive testing, Melbourne 1979, Vortrag 4 I—3.

[14] BLUMENAUER, H., Stand und Aufgaben der Bruchforschung. Aus der Arbeit von Plenum und Klassen der AdW **3** (1978) 2, 25–43.

[15] SMIDT, D., Reaktor-Sicherheitstechnik. Springer-Verlag 1979.

[16] KLOTH, E., und M. STRÄSSER, Erfahrungen bei der zerstörungsfreien Prüfung hochbeanspruchter Bauteile nach dem Gleichstrom-Potentialsonden-Verfahren. Materialprüfung **17** (1975) 7, 224–225.

[17] BACH, W., und G. GILLE, Rißtiefenmessung mit dem Gleichstrom-Potentialsonden-Verfahren. Materialprüfung **18** (1976) 10, 386–388.

[18] STRATMANN, P., und K. H. BOWE, Über die Anwendung des Gleichstrom-Potentialsonden-Verfahrens in der Bruchmechanik. Materialprüfung **18** (1976) 9, 339–341.

[19] BLUMENAUER, H., und G. PUSCH, Bruchmechanik. VEB Deutscher Verlag für Grundstoffindustrie, Leipzig 1973.

[20] WILLIAMS, RICHARD, S., Modeling of Elastoplastic Fracture Behavior Using Acoustic Emission Methods. Journal of Metals Oktober 1979, S. 21.

[21] PARIS, P., und F. ERDOGAN, A critical analysis of crack Laws. Trans. ASME Ser. D, **85** (1963) 528–534.

[22] TOMBERGER, G., K. MAIER und K. L. MAURER, Erfassung des Rißbeginns und der Verfolgung des Rißfortschritts an integrierten Kohlenstoffstählen unter Berücksichtigung der Gefügestruktur. Werkstoffprüfertagung, 25./26. 11. 1976 Leoben. Gefüge und Bruch. Metallkundlich-Technische Reihe, Bd. 3, Berlin–Stuttgart 1977, S. 240–255.

[23] GRÜTER, L., Elastizitätsmodul und Gefüge von Gußeisen. Z. Metallkunde **68** (1977) 1, 52–57.

[24] MORGNER, W., H. HEYSE und R. ORTMANN, Einige Ergebnisse zur Bruchmechanik von Gußeisen mit Lamellengraphit. Gießereitechnik (1981).

[25] BLACKBURN, M. J., und J. A. FENNEY, in: J. C. SCULLY (Hrsg.) The Theory of Stress Corrosion Cracking in Alloys. NATO Scientific Affairs Division, Brüssel 1972.

[26] BROWN, B. F., Stress Corrosion Cracking of High Strength Steels. Metallurgical Reviews **13** (1968) 171.

[27] DRUTSCHENKO, W. A., u.a., Über die Mikroakustik von Korrosionsprozessen (russ.). Zaščita Metallov **13** (1977) 281.

[28] TGL 22426, Höherfeste schweißbare Baustähle; Stahlmarken, allgemeine technische Forderungen.

[29] MORGNER, W., Anlage für die Schallemissionsanalyse. Feingerätetechnik **25** (1976) 6, 279.

[30] PARKINS, R. N., in: J. C. SCULLY (Hrsg.), The Theory of Stress Corrosion Cracking in Alloys. NATO Scientific Affairs Division, Brüssel 1972.

[31] GÖLLNER, I. und W. MORGNER, Zur Einbeziehung der Schallemission in Spannungsrißkorrosionsuntersuchungen. Sammelband III. Kolloquium Schallemission, Zittau 1980, S. 43–49.

FSC
www.fsc.org
MIX
Papier | Fördert gute Waldnutzung
FSC® C083411

Zeitfracht Medien GmbH
Ferdinand-Jühlke-Straße 7
99095 Erfurt, Deutschland
produktsicherheit@kolibri360.de